西方帽饰设计

许岩桂　著

中国纺织出版社有限公司

内 容 提 要

在东西方服饰史研究领域,有关服装史研究的学术成果已经很多,研究人员也很多,而对于中西方帽饰史的研究相对比较薄弱。对中国帽饰史的研究,偶见于服装的文物、藏品图册,以及关于服装的专题性研究著作中有限的篇幅。对于西方帽饰研究的欠缺则更为明显,仅见于著名人物画作中的整体形象。本书从历史学、文化学、美学和设计艺术学的角度,以时间为序,系统梳理了西方帽饰文化发展变迁的过程,叙述脉络清晰,图文资料丰富,专业性较强。

本书既可为帽饰设计爱好者提供学术借鉴,也可成为服装与服饰品设计专业师生的教学参考用书。

图书在版编目（CIP）数据

西方帽饰设计 / 许岩桂著. -- 北京：中国纺织出版社有限公司，2023.11
ISBN 978-7-5229-0818-2

Ⅰ.①西… Ⅱ.①许… Ⅲ.①帽—服装设计 Ⅳ.
① TS941.721

中国国家版本馆 CIP 数据核字（2023）第 145952 号

责任编辑：孙成成　　责任校对：高　涵　　责任印制：王艳丽

中国纺织出版社有限公司出版发行
地址：北京市朝阳区百子湾东里A407号楼　邮政编码：100124
销售电话：010—67004422　传真：010—87155801
http://www.c-textilep.com
中国纺织出版社天猫旗舰店
官方微博http://weibo.com/2119887771
天津千鹤文化传播有限公司印刷　各地新华书店经销
2023年11月第1版第1次印刷
开本：787×1092　1/16　印张：11
字数：210千字　定价：49.80元

前言

　　帽饰是服饰配件的一个组成部分，不仅具备生理方面的物质属性，而且涵盖心理方面的精神属性。帽饰是一种有灵性的物件，是在异彩纷呈的社会中一种易于辨认的身份信息，无须太多语言。在每年的英国皇家爱斯科赛马会（Royal Ascot）上，帽子一定是一道亮丽的风景线，人们需要一顶色彩大胆亮丽、充满节日感的帽子，使自己不至于淹没在茫茫人海中，这正如英国《每日电讯报》的时尚总监希拉里·亚历山大（Hilary Alexander）所说的，没有帽子的正式场合是不完整的，它是吸睛的道具。所以，对于一顶漂亮的帽饰，从本质上讲，它不仅是帽饰，更是一种人生态度、一种生活方式、一种自我定位、一种品位区隔。帽饰被誉为第一时尚单品，它的消费代表了一个国家的经济水平，是世界经济的晴雨表。

　　西方帽饰文化与中国帽饰文化的区别是：中国帽饰具有极强的模式化和精神化特征，严格与服装相搭配；西方帽饰则在材质和工艺上具有多样性和装饰性。本书所说的"西方"是指繁荣于地中海沿岸的古希腊、古罗马文化和中世纪以后兴盛于阿尔卑斯山以北的欧罗巴文化，两种文化虽然在性格上存在区别，但北欧文化能发展到今天，是因为汲取了古希腊、古罗马文明的营养，历史背景错综复杂，文化形态丰富多样。现代时尚流行中的帽饰基本以西方帽饰文化为背景，其造型手法和艺术特征均传承于西方上千年的历史。

　　本书从众多名画、钱币、宫殿或庙宇墙上的浅浮雕装饰，以及埃及古墓壁画中截取的人物头部形象着手，通过手绘方式细致描绘出西方几千年来帽饰造型的演变，并分别讲述了西方帽饰的历史背景、艺术特征及工艺手法，使读者深入理解一款帽饰所包含的深邃内涵和工艺流程。

　　本书以时间为轴，在基本内容和结构安排上，主要考虑了以下几个方面：其一，为强化与西方服装史及其他艺术史的关联性，本书主体框架按历史阶段的先后顺序及帽饰演变的内容，采用了西方帽饰的初成时期（古代）、交会时期（中世纪）、更新时期（文艺复兴时期）、兴盛时期（巴洛克时期、洛可可时期）、完善化时期（19世纪）以及国际化时期（20世纪）来划分不同阶段，便于把握各历史阶段的风格特征。其二，在名词术语上，尽量采用当时、当地或世界通用名称的音译，旁边附以外文原文的方式，以便于有迹可循（西方帽饰的名称可能沿用上千年，可以通过术语的外文原文追溯一种帽饰的演变轨迹）。其三，作为专著，本书最后加入了西方几款典型帽饰的设计手法，并列举了两位著名帽饰设计师的作品，以飨读者。

在东西方服饰史研究领域，有关服装史研究的专著和学术成果已经很多，研究团队也很庞大，而对于中西方帽饰史的研究始终比较薄弱。中国帽饰史的研究，偶见于服装的文物、藏品图册中，以及关于服装的专题性研究著作中非常有限的篇幅。对于西方帽饰史研究的缺环则更为明显，仅见于著名人物画作中的整体形象。本书从历史学、文化学、美学和设计艺术学的角度，以时间为轴，系统梳理了西方帽饰在不同时间和地点，受人文经济、艺术思潮、工业革命、宗教信仰的影响所体现出的不同变化，叙述脉络清晰，从而让读者更好地了解帽饰的发展，进而更好地设计帽饰。本书图文资料丰富，专业性较强，既可作为帽饰设计爱好者的学术参考书，也可作为服装与服饰设计专业的教材。

感谢南通富美服饰有限公司、富美帽饰博物馆提供的图片及藏品。感谢刘心仪、房明阳、胡梦怡、李姝赟、温梓宣、张子贵、王辰熙等为本书插图所做的技术处理。限于水平，书中难免存在纰漏和不足之处，敬请各位专家、学者不吝赐教。

著者

2023 年 1 月

目　录

PART 1

第一章

绪论

克里斯汀·迪奥（Christian Dior）曾经说过：没有帽子，人类就没有文明。服装史学家瓦莱丽·斯蒂尔也曾提出：帽子在服饰中是很重要的。从冰河时期至今，人类都有保护头部并装饰头部的习惯。早期的帽子主要起到保护作用，以免头部受到自然力的侵害。作为服饰的一部分，帽子既可以成为权力和地位的象征（在中国古代，帽子始终是男子身份、地位最直白的表述），又可以作为某个团体的标志，还可以因其标新立异的设计理念脱颖而出。帽子既可以作为等级的象征，又可以显示专业地位、反映社会等级和事件，还可以反映传统婚丧仪式的变迁。西方帽饰传承几千年，在材料、工艺、造型和设计手法方面均具有一定的特征。

第一节
西方帽饰发展及演变的基本特征

帽饰是人们着装搭配中不可或缺的部分，有着独特的时尚魅力和巨大的市场潜力，能提升人的整体形象与气质。本书中的"帽饰"一词，指的是当代西方时装中"以帽为饰"的头部装饰物，属于服装整体设计的范畴。

纵观西方服装发展历史不难发现，帽饰的发展和服装发展史一样深受经济、文化、环境等因素的影响，并在一定程度上体现了时代的变迁。从中世纪开始，因受宗教因素的影响，帽饰成为女性的必需品，继而发展为礼仪的象征。此后，西方帽饰渐渐变得不仅具有功能性，还具有稳固性、整体性和装饰性，并成为一种个性的表达方式。

一、稳固性

稳固性，大致体现在西方帽饰的材料和造型方面。早在西方帽饰起源时期，生活在美索不达米亚平原的古西亚人就掌握了毛毡的制作技术，并用毛毡制作出了与现代贝雷帽非常相似的帽子。之后毛毡的制作技术传到了古希腊和古罗马，并在中世纪成为"无檐软帽"的主要材料，流行于当时男人的帽饰。直到现代礼仪社会，毛毡依旧是多款西方帽饰设计的标配材料，如礼帽、贝雷帽等。在造型方面，古希腊的男人在旅行时戴一种很实用的宽边毡帽或草帽，用帽带固定在头上，这款帽饰被认为是礼帽的雏形。法国画家欧仁·德拉克罗瓦（Eugène Delacroix）为纪念1830年法国七月革命而创作的油画《自由引导人民》中，锥形的红色小帽——弗里吉亚帽，又称自由帽（Bonnet de la liberte），是古代小亚细亚地区的弗里吉亚人所戴，因为当时是古罗马释放奴隶的标志，所以之后被作为自由的象征。

二、整体性

西方帽饰的发展与服装、发型保持着整体一致性，完美诠释着当时的服装造型风格和审美取向，与衣着打扮一样共同展现着自身的风格、气质、修养和社会地位。如洛可可时期的女装浪漫、唯美且富有动感，轻巧、纤细且装饰繁复，与之搭配的帽饰造型同样别出心裁，取材丰富，有假发、马毛靠垫、钢丝架、棉毛底、薄纱、新鲜或人造的鲜花、水果、珠宝、丝带、花边、羽毛等，颇具艺术感。20世纪初，女子流行蓬松的马塞尔大波浪发型，帽子变得越来越大，18世纪流行的马尔伯勒帽（Marlborough hat）卷土重来。"一战"前后，女子流行波波头，钟形帽跟着波波头一起流行起来，二者互相推进，展现了内敛含蓄的复古优雅风。

三、装饰性

帽饰本身的独立性常常在造型中起到"画龙点睛"的作用，凸显整体的格调和气韵。西方帽饰设计的廓型演变花样繁多，它不仅是规规矩矩的功能帽饰，更是变成一种装饰艺术，并在漫长的发展历程中，形成了属于自己的艺术感和审美价值。帽饰廓型在现代帽饰设计师的大胆创新下日新月异。装饰帽饰的艺术大大拓展了帽子的领域，使之成为独立的人体装饰品，不再处于附庸和陪衬的地位。西方帽饰做工精湛、选材精良，可作为独立的艺术品被展示、欣赏、收藏。直到现在，在参加婚礼、生日聚会等正式场合，西方人必须根据自己的衣服搭配合适的帽子，因此，盛大的宴会现场也是各式各样帽饰展示的盛会。

四、礼仪性

在西方服饰历史中，帽子作为地位的象征这一特性从未改变过，从中世纪开始，帽饰就是女性非常重要的日用品。当时的教会认为妇女露出头发是"不检点"的，所以严格要求妇女必须佩戴帽饰遮挡住头发，渐渐地，帽子成为西方女性的必备品，并慢慢演变为礼仪的象征。在13—15世纪，身份的高低就是以汉宁帽的高度来表示的，帽子越高表示佩戴者的身份地位越尊贵。19世纪，航海贸易的发展使帽饰远销海外，帽饰设计通过不断的创新受到越来越多的贵妇喜爱，当时身份显赫的女性除了通过珠宝彰显自己的高贵外，还通过佩戴与众不同的帽子来体现自己的地位。到了20世纪，各式各样的帽型及装饰俨然成为西方社会中身份、地位、传统以及风格的象征，并且在社会发展以及日常生活中起着重要的作用。

第二节
西方帽饰的艺术设计手法

帽饰作为一种具有艺术审美价值的商品，记载着地域文化和历史，融汇了各地区的生存环境、生活习俗、宗教信仰、审美认知和科技发展。西方帽饰文化是西方传统文化和服饰文化的重要组成部分，具有绚丽多姿的精神文明和物质文明内涵，通常含有身份、礼仪、教养等内容，在不同的历史时期有着不同的艺术表现形式。比起其他服饰要素，帽子更为引人注目，更令人难以忘怀。

一、造型的艺术化

帽饰作品是以空间立体形式存在的，通过复杂或简单的体、面关系构成三维造型艺术，运用材料的主次、虚实、分合、交错、透叠等关系，塑造出丰富的视觉效果。女帽的设计乐趣与魅力在于它没有固定的模式和规则，富有创意的女帽设计师往往热衷于采用真丝、薄纱、硬纱、羽毛、鲜花及各种科技材料进行整体构架与组合，这些特有的材料艺术语言为设计师展开个性化的设计提供了广阔的空间，让帽饰成为独立的艺术作品。帽饰造型设计的灵感来源丰富，可源于生活的方方面面。一位才华横溢的女帽设计师应做到不落窠臼，打破常规，除了创意无限，还需要遵循的准则是满足顾客的个性需要以及符合帽子的使用场合，清楚帽子存在的目的是让女性美丽时髦、高雅得体且神秘莫测。

二、材质的多样化

在西方帽饰的设计中，材料的选择尤为重要，它决定着帽饰的质感和风格以及帽子的功能。不同材料的帽饰有着不同的风格，如柔软的纱、绸、蕾丝等给人浪漫唯美的风格，皮革、树脂、金属等材质给人科技感的风格。夏季的帽饰，一般选用轻快、飘逸的面料来凸显帽饰的功能性；冬季的帽饰，一般选用保暖、厚实的面料来实现帽饰的保暖功能。从设计效果的角度来看，不同的材料组合起来的质感也是不同的。不同性质的材料组合起来能够形成更为丰富的肌理，为帽饰提供更广阔的设计空间。例如19世纪的西方帽饰，从款式到材质都非常有设计感，羽毛、干花、天鹅绒、丝绸、蕾丝等配饰的出现，让设计师有了更多的创造空间。色彩明快且容易造型的羽毛是那个时代最受欢迎的帽饰装束，不同质地、不同形状、不同颜色的羽毛被做成不同造型的帽子，帽子也因此越来越受欢迎。有资料记载，当时因为羽毛帽饰太受欢迎，造成羽毛供不应求，甚至导致一些鸟类灭绝❶。

三、工艺的精细化

在欧洲国家，帽业从众多的手工业中分离出来，已有300多年的历史。"女帽设计者"（Milliner）指那些起源于17世纪的美国和英国极富想象力的制帽者，他们不论是设计还是工艺都非常突出，必须保证每顶帽饰品质精良。"女帽商"指那些意大利商人，他们携带着各式各样的华服、草帽以及零星服饰、针线杂货在欧洲大陆往来穿梭，沿途在皇家宫廷售卖商品。在法国，为女性制帽的人被称为"Modiste"，从广义上看，类似于德语中的单词"Modistin"，即制造女帽者。制帽者（Hatmaker）与"女帽设计者"之间的历史差异性至今依然存在，前者为男性制帽，而后者为女性制帽。不过这一区别在当今的无性别时装时代显得有些模糊。制作高品质的手工样帽，需要样帽设计师、样板师、缝纫工和修整工等人在帽模上经过手工修整和润饰，价格昂贵，与工厂生产的帽子大不相同。

现如今，西方帽饰已经成为人们表达个性、搭配服装的必需品。帽子既能美化形象，也能破坏形象，它能够刻画出脸部线条，也可以将其隐去；它能够使眼睛看上去更加炯炯有神，也可以给人注入活力，使人朝气蓬勃。在时尚产业发达的国家，帽子是最重要的服饰配件，造型独特的帽饰更是受到明星的热烈追捧。此外，各种帽子的不同风格以及外观折射出当时的社会及政治变迁，越来越多的帽子设计师在体现时代精髓以及时尚潮流方面充分展现了他们颇具才华的创造力。

---

❶ 由于历史上个别时期存在使用动物制作帽饰的情况，书中仅做客观陈述，不予提倡。现代设计倡导环保理念，禁用野生保护动物毛皮制作服饰品。——出版者注

PART 2

第二章

西方帽饰的
初成时期

服装由无形到有形，不是一朝一夕突然出现的，帽饰亦然。西方帽饰最初成形时，可以是一顶戴在头上的帽子，也可以是一种裹在头上的缠头布，又或者是一个用鲜花和藤条编成的花环。西方帽饰的初成时期指西方古代文明时期。在初成时期就已显示出西方文化所赋予帽饰的全方位表征作用，即帽饰不仅具有装饰和保护的功能，也是权力和信仰等精神层面的代用品。

在西方服饰史上，古代是指以地中海为中心发展起来的古代文明，可分为两大版块：一块是古代东方世界，即非洲北部的古埃及和地中海东岸的古西亚地区；另一块是作为西方古典的古希腊和古罗马的南欧地区。尽管从地理区分上看，只有古希腊和古罗马才是西方人真正的故乡，但古希腊、古罗马是吸吮着古代东方诸国的文化乳汁培育和成长的，东方文化与西方文化有着密不可分的渊源。因此，在提及西洋帽饰史的时候，一定要从古埃及和古西亚讲起。

第一节
古埃及

古埃及历史悠久，漫长的阶段有3000多年。基于尼罗河舒适的生活环境，古埃及人的生活和文化在相当长的历史时期内都没有太大变化，保持着一种固定样式。在古埃及，宗教的意义重大，生活中的诸多事物都是他们崇拜的对象，并通过各种形态反映到他们的服饰中。可以说，古埃及人是专心致志地为神服务的，这也是西方古代诸国的共同特点。

早王朝时期，古埃及人留着浓密、波浪状的深棕色头发，女性把头发编成许多紧密的辫子，并配上象牙梳子和发夹，男性头上装饰着鸵鸟羽毛。古埃及人在头部的装饰和护理上会花费大量精力和时间，无论男女都精心添加了假发。他们习惯把头发剪得很短或剃光，用透气的假发代替自然的头发。古希腊历史学家希罗多德（Herodotus）曾说过，早期剃过光头的古埃及人的头骨要比头上长满浓密毛发的波斯人的头骨硬得多。假发是由人的头发、黑绵羊的羊毛或染成黑色的棕榈叶纤维制成的，假发的底部编织多孔，可以通风和遮挡阳光的暴晒（图2-1）。假发最初只是皇室成员佩戴的，后来在普通人中得到普及，但是长及肩膀或更长的假发仅限于上流社会。作为纯粹的创意和艺术装饰的假发，古埃及人的头饰从未被超越。

在古埃及的头饰中，假发的作用和现代的帽子是一样的，尊贵的女士可以拥有几种不同造型的假发来应对不同的场合。王妃的假发常常被做成波浪状、绳子状，并在这些发绳上套上无数只细细的金环，再把发梢卷成螺旋状，极尽奢华。也有一些女士保留了自己的头发，并在上面加上假头发后，编起许多精致的发辫，宛如黑色的绳帘。与假发同时使用的是宽3~5厘米的发带，发带的色彩非常艳丽，并常常配有装饰图案（图2-2）。除了假发，"头巾"也是一种男女都戴的全国性头饰，将用亚麻制成的围裙状头饰紧紧地围住前额，两侧和后部松松地垂下来。女性还常戴着秃鹰形状的翼型帽子（图2-3）。

古埃及法老的王冠用金属、毛毡、稻草、棉花、亚麻和羊毛等制成，可以装饰条纹和刺绣。王冠的造型一种是高高的尖顶冠，另一种是高高的平顶冠，顶部比头部宽，后面挂着缎带垂饰（图2-4）。早期的古埃及分为上埃及和下埃及，鹰是上埃及的象征，国王所戴的高

图2-1 古埃及假发

图2-2 古埃及发带

图2-3 古埃及头巾和翼型帽

大白色王冠常装饰有英武的秃鹫或鹰；毒蛇是下埃及的象征，国王的红色王冠上常饰有眼镜蛇或圣蛇。大约公元前3000年，获胜的国王纳尔默（Narmer）统一了两个王国，他把下

埃及的红色柳条王冠加到上埃及的白色王冠之上，毒蛇和鹰这两个标志被同时运用于皇家头饰上。

图2-4　古埃及法老王冠

在古埃及法老陵墓中还可以看到另一种条纹织物围裙状王冠，上面装饰着眼镜蛇，而眼镜蛇是古埃及王权及神权的象征。国王和王后都可以佩戴这款王冠。另一个象征王权的标志是由金属制成的假胡子，这是对早期国王的真胡子的改造。首先，将胡子修剪整齐，然后将其与金线一起编成辫子，最后在外面罩上黄金材质的假胡子（图2-5）。

古埃及的男人和女人都用化妆品。他们用一根蘸了眼影粉的象牙或乌木小棍在眼睛周围画上一条黑线，脸上涂着红土和藏红花混合制成的药膏，嘴唇上涂胭脂红，睫毛上涂黑色润发油。女士们用"白铅"来画脸，面霜、油、软膏和香水也同时被大量使用。

图2-5　古埃及围裙状的王冠

第二节
古西亚

古西亚的历史与古埃及不同，古埃及是同一个民族在同一个地域中治理一个相对固定的国家，而古西亚则是由许多民族形成的多城邦组成的地区，城邦之间不断发生战争，其过程极为复杂。古西亚的新月形地带内部，每年的雨季形成草原，自古以来畜牧业便非常发达，人们崇尚毛皮文化，精通毛毡的制作技术。古西亚包括迦勒底人、巴比伦人、亚述人、米底人和波斯人。其中，迦勒底人、巴比伦人、亚述人被认为是一个民族，因为他们有共同的鲜明的服装特征。巴比伦帝国拥有几乎与古埃及一样古老的文化。关于这些帝国服装的资料主要来自硬币、宫殿和庙宇墙上的浅浮雕装饰雕塑，色彩资料则来源于保存完好的埃及古墓壁画。

在古西亚，无论是男人还是女人，都非常讲究发型。他们基本都是卷发，每逢节日，在头发上撒上散发着香味的金粉。男子的胡须同样受到关注，除了被修剪整齐外，还使用不同的染料来美化，如亚述人用黑色染料来染眉毛、胡子和头发，而波斯人用指甲花染料来染他们的头发和胡子。为了增加眼睛的光泽度，眼睑用眼影粉镶边。浓眉是美丽的标志，甚至用眼影膏在鼻梁上画出一道与眉毛的连线。

古代美索不达米亚平原的帽子与现代的帽子非常相似，如贝雷帽（Beret）和水手帽（Sailor cap），甚至可以说是我们今天帽子的代表。根据古希腊历史学家色诺芬（Xenophon）描述，古代波斯的皇家王冠是一顶高高的、无边的棒耐特式（Bonnet）软帽（图2-6）。国王的皇冠或人字冠（现今通常与主教帽联系在一起，它是一种简单的帽子，就像现在的教皇头冠），通常是用白色毛毡或羊毛制成的，只是形状和高度略有不同，帽冠上都系有一根宽带，帽子两侧或后部都挂有垂饰，且帽冠上装饰着刺绣、黄金、珍珠和宝石。皇家帽子的垂饰很长，带流苏；而下等人的帽子垂饰很短，不加修饰。

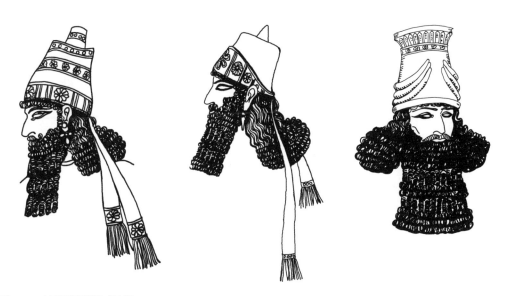

图2-6　古西亚棒耐特式软帽

其他男性的头饰有卷边或不卷边的毡帽、士兵用的头盔（图2-7），以及披在肩上的羊毛或亚麻布头巾（图2-8）。波斯士兵戴的是一种特殊的瓜型软帽（图2-9），小亚细亚人通常戴的是一种用毛料或毛毡制成的尖尖的镶有宝石的头巾。

古西亚有幽闭女性的习俗，几乎没有关于女性服饰的文字记录❶。面纱象征着女性的谦逊，但她们也戴女帽，这可以从少数几幅女性肖像中得到证明，如女神伊什塔尔（Ishtar），戴着帽子或镶着珠宝的头巾。头巾上通常覆盖着华丽织物的薄纱，镶着闪闪发光的珠宝。

在亚述人中，头饰是官职的徽章，牧师、官员、音乐家，甚至厨师都有其特定的风格。例如，国王的厨师所戴的头饰在外形上与国王的基本相同，但缺少了丰富的内容。

图2-7 毡帽和头盔

图2-8 羊毛或亚麻布头巾

图2-9 瓜型软帽

❶ 李当岐.西洋服装史［M］.北京：高等教育出版社，1995：37.

第三节
古希腊文化圈

从西洋史的立场上看，古代东方只是登上欧洲舞台的通道，古希腊、古罗马才是真正的舞台，文明的性格在这里发生了变化。古代东方文明大多产生于大河流域，而古希腊文明则是大海带来的。亚热带的地中海和爱琴海，气候温暖，阳光充沛，居民们喜欢户外活动，在灿烂的阳光下进行体育竞技，巧妙均衡了现实与理想、精神与肉体之间的关系。

图2-10 塞浦路斯假发1

古希腊人的发型设计在西方古代远超其他国家和民族，有最早的理发机构，而且数量众多。理发机构不仅修剪头发，还可以整理胡须。在亚历山大大帝时代（前356—前323年）之前，古希腊男性一直喜欢留漂亮的胡须，但因为担心士兵的胡须在战争中有可能成为敌人的把柄，亚历山大曾命令士兵脸上必须刮得干干净净。

女性留着卷曲的长发，最广为人知的发型是中分后在脑后盘成发髻，也有戴塞浦路斯假发的。假发的造型是一堆或几排螺旋状的卷发，搭在金属丝上，像现在戴发箍一样戴在头上（图2-10）。还有的古希腊女性戴着由金线编织而成的头纱，头纱上镶有宝石，用饰有串珠或珍珠的缎带或金属制成的发带系住头发，或者把发带缠绕在头上，让发丝在风中飘扬。新娘头饰是缝制了珍珠的白色长头纱，头纱从饰满精致发卡的发髻上垂下来（图2-11）。发夹，也被称为"大针"或"小针"，用牛骨、象牙或金属制成，长7.5～20厘米，顶端有精致的金、银、珠宝和搪瓷饰品。古希腊女性天生是金色头发，但通常会把头发染成蓝色或红色，撒上金色、白色或红色的粉末。男男女女都把香水和油膏抹在头发上，女性用一种铅的氧化物制成的膏来涂面颊漂白皮肤。

图2-11 新娘头饰

在婚礼和节日里，家里的仆人会在客人的头上和颈部戴上用鲜花或常青藤制成的花环（图2-12）。在运动会中，胜利者会被戴上桂冠。后来，桂冠被用来表示学术荣誉。月桂和橄榄枝一样，是休战的象征，也是胜利的象征。普通人戴上橄榄枝编成的花环表示儿子的诞生。

古希腊的男性在旅行时戴一种很实用的宽边毡帽（或草帽），并用帽带固定在头上。女性则戴着由细稻草制成的略高的圆锥形帽子（图2-13）。

图2-12　花环

图2-13　古希腊宽边毡帽（或草帽）和圆锥形帽子

古希腊战士的头盔设计精美，既具有保护功能，又具有艺术功能和体现英勇的气势（图2-14）。最古老的是科林斯头盔（Corinthian helmet），也被称为密涅瓦头盔（Minerva helmet）（图2-15）。其上有眼睛形状的开口，当面部被遮挡时可以通过它看到前方。头盔顶部有护颊板，一开始是实心的，后来不用的时候就折叠在头盔上。

图2-14　古希腊头盔　　　　　　　　　　　　　图2-15　科林斯头盔

第四节
古罗马

古罗马发祥于意大利半岛，其北部定居的是伊特鲁里亚人（Etruscan）。据推测，伊特鲁里亚人来自公元前约1万年前的小亚细亚。尽管他们的起源一直是个谜，但他们最终将与古希腊文明紧密相连的奢华及华丽传给了古罗马人，是古罗马文化的先驱者，在手工艺和服饰文化方面，显示出近东风格和古希腊风格。

伊特鲁里亚人的头饰很明显受东方的影响，男性和女性都戴着圆形的无边便帽和圆锥形头巾（图2-16）。女性的发型也类似东方人，把头发梳成浓密的长卷发，披在肩膀上。男性和女性都戴着鲜花编成的花冠，与古希腊人一样，人们用各种叶子编成的花环来表彰他们的英勇行为（图2-17）。女性头上还有用金线或银线编织而成的网状头饰，上面点缀着珍珠和宝石。

短发是当时古罗马男性最流行的发型，他们很注意对头发和胡须的保养。据记载，剃刀是由第五任国王卢基乌斯·塔奎尼乌斯·布里斯库斯（LVCIVS TARQVINIVS PRISCV-SREX）引进古罗马的，过了一个多世纪，刮胡子才被普及。大约在前454年，一群古希腊的理发师从西西里来到罗马大陆，理发成为一种时尚。理发店坐落在主要街道上，无论身份贵贱，男性都会光顾理发店。在古罗马人看来，秃顶是一种畸形，所以人们会戴一种紧贴头皮的假发。为了讨好秃顶的恺撒，元老院下令允许他永远戴着月桂花冠，自此月桂花冠便成为皇帝的王冠（图2-18），尽管后来制作王冠用黄金和宝石替代了月桂花。

图2-16　无边便帽和圆锥形头巾

图2-17　花冠

图2-18　月桂花冠

古罗马男女头戴的圆锥形帽饰，最初是异教徒牧师和他的妻子戴的编织头饰，后来这个圆锥形状的帽饰演变成了一顶尖尖的帽子造型（图2-19），上面用羊毛条系着一根橄榄枝。古罗马的皮帽与古希腊的皮帽几乎一样，是古罗马士兵和水手戴的一种用毛毡或皮革制成的贴身帽子（图2-20）。在节日和公共比赛中，运动员也会戴这种帽子以保护自己。

古罗马战士的头盔同样设计精美，是古希腊头盔的延续，通常饰以鸟类的羽毛、剪短的马鬃和马尾。头盔材质有铁、青铜、薄黄铜和皮革，将军的头盔通常是金的（图2-21）。

女士也像男士一样，在头发上涂抹油和香水，把头发染成红色或金色。女士通过梳漂亮的发型或戴假发来装饰自己，将头发编成辫子或披长卷发，并饰以丝带和串珠，或者戴上造型好的假头发和假发髻。塞浦路斯假发同样被古罗马女性喜爱，发箍式的佩戴方法也与古希腊相似（图2-22）。从文化形态上看，古希腊人创造了无与伦比的古典美，而古罗马人在某些方面是对古希腊文化的承袭。因此，在当时的古罗马佩戴古希腊时期的假发，又被称为"塞浦路斯式时尚"。

图2-19　圆锥形状帽饰

图2-20　贴身皮帽

图2-21　饰有羽毛和马鬃的头盔

图2-22　塞浦路斯假发2

PART 3

第三章

西方帽饰的
交会时期

　　大约208年，基督教会要求妇女在进入礼拜场所时要蒙着头，从那以后，在任何宗教集会上，女性戴面纱就成为一种传统。紫色是早期修女面纱的颜色。信奉基督教的新娘头戴白色或紫色的面纱，额头上戴着一顶由马鞭草编成的花冠。马鞭草被认为是一种神圣的植物。

　　人类早期文化滋生于不同区域，并以独立的态势生存与发展着。自历史上发生部族兼并、民族迁徙、霸权战争后，便产生了文化交流与文化融合的现象，这也必然使人们的服饰内容受到影响。西方帽饰的交会时期是指拜占庭及欧洲的中世纪。395年，狄奥多西大帝（Theodosius I）去世，他的两个儿子将古罗马帝国分为东罗马和西罗马。东罗马帝王君士坦丁（Constantinus）将首都东迁建立拜占庭帝国，首都君士坦丁堡。东罗马帝国延续了1000余年，非常繁荣昌盛，创造了集古罗马文化、古代近东文化和新兴的基督教文化于一体的独特的文化。其在鼎盛时期曾是世界上最繁华的城市，藏有大量无价的艺术品，其中包括古希腊伟大艺术家的作品，对同时期及后世的西欧文明影响很大。1453年东罗马帝国被奥斯曼帝国土耳其人占领。与东罗马帝国不同，西罗马在476年便因日耳曼人的入侵而灭亡。日耳曼人在西罗马的领土上建立了一系列新兴的封建王国，各王国之间常年混战不休，再加上中世纪的战争，战服一度成为"时尚"，其中头盔更是别具一格，保留了古罗马帝国的尚武风格，还可以看到波斯帝国铠甲的影子。

第一节
拜占庭和神职人员

　　拜占庭帝国的服装源于东方和古罗马的结合设计，对欧洲中世纪和文艺复兴时期的文化产生了巨大影响。男性留胡子，头发略短。男性和女性所戴帽子的嵌条，都是珠宝匠打造的艺术品，上面镶有珍珠、黄金和彩色玻璃。彩色玻璃是拜占庭人的发明，后来改用小镜子作为装饰。在4世纪，嵌条是用金、银或其他金属制成的，5世纪时嵌条变宽了，绳子也变成了金属带。东罗马帝国的地理位置与东方比较接近，珍珠的供应非常充足，不仅头饰上镶有珍珠，甚至整件服装上都华丽地绣上了珍珠饰品（图3-1），因此整个中世纪用珍珠缝制服装就是这种拜占庭风格的延续。具有女性风格的头巾则是由奢华的东方织物制成的（图3-2）。

在拜占庭帝国早期，教会的法衣作为一种独特的服装样式开始出现，并一直延续到中世纪。教士们佩戴的帽子受东方古代波斯人的影响，用帽子后部垂坠的神圣的白色羊毛毡区别等级（图3-3）。6世纪，珠宝和珐琅装饰被用到宗教头饰上，到了11世纪，牧师和主教必须佩戴法冠。12世纪早期，主教的法冠前后有两个嵌板，嵌板呈尖形，两个嵌板保留前后空间，后来尖顶越来越高、越来越尖，直到15世纪，变成了今天的人字拱形（图3-4）。

图3-1　珠宝嵌条

图3-2　头巾

图3-3　教士佩戴的帽子

　　法冠的下面垫有头巾。头巾类似起源于古希腊的无边便帽，是所有阶层都可以普遍佩戴的，其质地与色彩根据佩戴者的地位而有所不同，如教皇的头巾颜色是白色或红色的，牧师的一般是黑色（图3-5）。红衣主教的红色帽子用较细的带子系在下颌，或者一条较宽的带子从头上垂下来直至背后。随着纹章学的发展，佩戴者的等级就由宽带上的纹章和流苏的数量来显示（图3-6）。

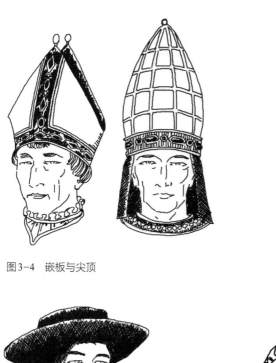

图3-4　嵌板与尖顶

图3-5　牧师帽

图3-6　红衣主教帽

第二节
撒拉逊式或摩尔式头巾

　　撒拉逊人（Saracen）是一个通称，意思是"沙漠之子"，包括波斯人、奥斯曼土耳其人、阿拉伯人以及西班牙和北非的摩尔人。

撒拉逊帝国的辉煌是受到更古老、更丰富的波斯文化的启发，在文明和奢华等方面一度达到了顶峰。摩尔人占领西班牙长达8个世纪，直到1492年才结束，这段时期被称为西班牙裔—摩尔人时期。

撒拉逊的男性在胡须和发型上遵循了欧洲的时尚。男性的头饰和今天的一样，由头巾组成，可以缠在头上，也可以缠在皇冠或帽子上（图3-7）。

头巾一般是用细麻布、棉花、皮或丝绸等细长形材质包裹在头上（图3-8）。头巾造型与褶皱设计来源于郁金香。缠头巾的一个重要细节是露出前额，这样当戴头巾的人匍匐在地上祈祷时，头就会接触到地面。

头巾的形状、大小、褶皱和颜色根据等级、种族、职业和场所的差异而不同。每块布通常为宽50～75厘米、长550～830厘米或宽15～20厘米、长915～4572厘米的长条布，大概有多达66种不同类型的缠法。

图3-7 缠在皇冠或帽子外面的头巾

图3-8 皮质或麻质头巾

塔布什帽（Tarboosh）是男性戴的深红色无边圆塔帽，在阿拉伯语中指一种源自古希腊的无边毡帽，通常是工作时戴的。当土耳其人在1453年征服君士坦丁堡时，他们虽然对服饰进行了修改，但基本继承了拜占庭的服装，其中包括古希腊无边毡帽。但穆罕默德的追随者，习惯把头巾缠在帽子上并做出褶皱（图3-9）。土耳其人在雨天外出时，会在头巾上戴一顶大大的伞形毡帽。19世纪早期，奥斯曼帝国的第三十任苏丹马哈茂德二世（Mahmud Ⅱ）颁布法令，不再必须戴头巾，但深红色的无边便帽必须保留。

贵族妇女很少离开自己的宫殿或住所。她们外出时用细棉布、亚麻布或丝绸做的面纱把整个面部遮住，甚至一直盖到眼睛，再用另一条布披在头上或帽子上。面纱是透明的，由素色和条纹面料制成，用丝绸和金属线镶边（图3-10）。也有少数妇女沿用了古代波斯的无檐高帽，从帽顶上垂下长长的带有流苏的饰布，遇见陌生人时临时用下垂的饰布遮面。饰布的面料大多是丝绸织锦，后来也使用天鹅绒等华丽的面料（图3-11）。

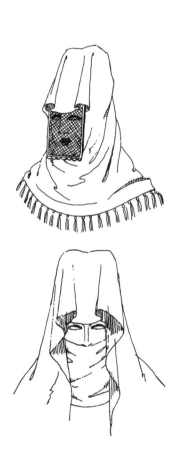
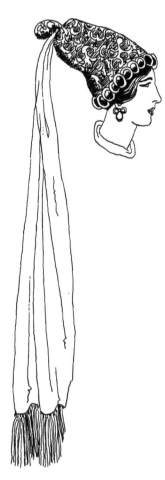

图3-9　缠在帽子外面做出褶皱的头巾　　图3-10　头巾与面纱　　图3-11　波斯的无檐高帽

第三节
欧洲哥特式时期

　　古希腊和古罗马的传统服饰是由拜占庭帝国延续到中世纪的，同时由于君士坦丁堡长期与东方接触，服饰上带有明显的东方色彩。直到12世纪末，新兴城市佛罗伦萨和威尼斯开始为欧洲宫廷服饰的流行打下基础，东方的影响趋于消失。

　　所谓哥特式风格，最初是用来形容欧洲中世纪，特别是12—15世纪的建筑、雕刻、绘画和工艺美术的，后来也用于表述新兴贵族的宫廷生活所产生和形成的服装潮流。中世纪的宗教战争以后，随着东、西方贸易的加强，欧洲在大量进口东方的丝织物及其他奢侈品的同时，手工业也得到发展，并开始与农业分离，成立了各种行会。为满足社会日益增长的各种需求，工种被细分，如服饰业就被细分为裁剪、缝制、做裘皮、绲边、刺绣、做皮带扣、做首饰、染色、鞣制皮革、制鞋、做手套及做发型等许多工种和独立作坊。特别是纺织技术和染色技术的发展，使当时的衣料大为改观。物质文明的进展使原来处于低文化状态的日耳曼人的生活文化水准得以提高，服饰奢华多彩成为哥特式时期独特的帽饰文化特征。

　　发型方面，在中世纪早期的几个世纪里，北欧人仿效古罗马征服者的风格，把脸刮得干干净净，把头发剪短并加上刘海（图3-12）。后来胡须和长发变成贵族和某些显贵的特权，这种现象一直持续到12世纪。在头发和胡须变长后用"卷发棒"卷起来（图3-13），并且经常将胡须与金线交织在一起，或者剪成两撇八字形；头发有时长得可以编成辫子搭在肩膀上（图3-14），或者卷曲成长长的卷发。15世纪时还流行一种蓬松的、卷曲齐肩的时尚波波头（图3-15），看起来就像头发在晚上被紧紧编成小辫子，第二天早上再将其梳开。这种发式当时被称为假发，不管是天然的还是假的。

　　12世纪后期，几乎所有阶层的人都戴着头巾，这种时尚来自拜占庭帝国。当时头巾是戴在贵族的冠帽下，就连金

图3-12　刘海短发

图3-13 卷起来的头发和胡须　　图3-14 长发辫

图3-15 波波头

属头盔下也用毡子或皮革衬垫垫着。中世纪欧洲男性戴的头巾帽一般是白色的，优雅的人戴细麻布做的，不那么讲究的人戴粗织的（图3-16）。头巾帽和现在的婴儿帽差不多，都是用细绳在下颌处系紧固定。到了18世纪，头巾回归到厚重的假发之下，直到19世纪末，它一直被戴在英国律师的白色假发下面。

13世纪出现了一种细密编织的半透明织物，类似于今天的高支棉布，不同的是它由细亚麻线织成。这种织物制成的帽子流行了两个世纪，到了15世纪，彩色的毡帽或丝绒帽子（通常是红色的）取代了白色的亚麻帽子。

在盎格鲁—撒克逊语中，"帽子"是指有帽檐的、宽边的、很容易从头上取下的。除此之外，直到16世纪，除了风帽以外的任何帽子在英语中都是"Cap"，在法语中是"Bonnet"。所谓"Bonnet"，是中世纪流行于男性头饰中的一种用粗糙绿色呢绒制成的"无檐软帽"（图3-17）。从那以后，"Bonnet"这个词就产生了，用来泛指男性的"Hat"或"Cap"，直到18世纪末，女帽才被命名为"Bonnet"。

图3-16 头巾帽

19世纪初，"Bonnet"专指用带子系在下颌处的小型女帽。今天的苏格兰人仍然称他们的帽子为"Bonnet"。

14—15世纪，尖顶毡帽或甜面包式毡帽常戴在头巾或风帽的外面（图3-18），15—16世纪，米兰公国制造了精美的毡帽和草帽，被称为"Milan bonnets"。因此，女帽商（Milliner）就出现了，统指女帽制造商或女帽售卖者。

图3-17 无檐软帽

中世纪的面料装饰性都很强，多使用锦缎、丝绸、天鹅绒、金银刺绣，在颜色鲜艳的面料上绣上亮片和珠宝，再加上金色或银色的薄纱、透明的白色亚麻等，极尽奢华。天鹅绒是中世纪贵族和富人特别喜爱的珍贵织物，它最早出现在12世纪的威尼斯和巴黎。纱布，一种松散编织的透明织物，产自巴勒斯坦的加沙，并由此得名。当时的骑士们常把它作为礼物送人。

早在14世纪，羽毛第一次作为装饰品出现在欧洲的头饰上，最初是一根长而直立的羽毛，固定在一个金色的插座上或放在一个镶有珠宝的奖章上。在15世纪下半叶，羽毛被大量使用在时尚的男性帽子上，每一顶都有不同的颜色，羽毛的根部用珍珠或其他宝石装饰。毛皮镶边的冬季帽子和带有帽檐的"孔雀帽"非常贵重，帽顶可能还覆盖着厚厚的尾羽。羽毛的价格昂贵，到15世纪末，对这种时尚的追求已经达到了狂热的程度，当时很多珍稀鸟类的羽毛都是从东方进口的（图3-19）。

中世纪的头饰是用许多别针固定的。在13世纪和14世纪，就连普通的别针都很昂贵，英文用"Pin money"来表达。大头针的使用在14世纪开始普及，它们被制成了最受欢迎的礼物，恋人之间互相赠送，在英国则成为一种特殊的新

图3-18 尖顶毡帽和甜面包式毡帽

图3-19　装饰各类羽毛的男帽

年礼物。此外，小银铃也是一种时髦的饰物，可用在男女的兜帽上。

　　在西方社会，帽子常用来体现礼仪或者作为一种问候方式。有女士在场时，男士不脱帽；朝臣们在国王的面前不能戴帽子，除非经过皇家的许可，这也是一种特殊的荣誉；高高的黑色帽子是"最有教养的"，摘掉帽子可以表示对上级的尊敬，并说"您的仆人"，也可以是彼此间鞠躬行礼常见的问候方式。12世纪，古代威尼斯共和国的总督戴着起源于东方的高高的圆锥形毡帽，1249年，圆锥形"公爵帽"转变为帽檐从背后隆起的帽子，从那时起，它就一直被戴在白色亚麻头巾外面（图3-20）。

　　中世纪早期，教会要求女性出现在任何宗教集会时都要用布覆盖头部，于是她们将用亚麻或丝绸制成的白色头巾披在头上和脖子上，用丝质发带或丝束来固定头巾的位置。高贵的女士在头巾上戴着皇冠或镶嵌了宝石的发圈，贵族家庭的年轻女孩戴着金

图3-20　黑礼帽与公爵帽

或银的发圈，这种方法一直延续到12世纪。当时有一条法律规定了头巾的长度，贵妇人的面纱长到其脚面，地位较低的面纱长及腰部。就在同一世纪后期，喉巾（Throat towel）或颈巾取代了面纱，一种亚麻或丝绸面料被披在下巴、脖子和肩膀上，然后别在两侧的头发上。后来颈巾和头巾的结合体成为寡妇和宗教团体妇女的头饰，一直持续到20世纪（图3-21）。

由于北欧人原居住地气候寒冷，所以喜欢留长发。10—12世纪，飘逸的头发是年轻的未婚女性或新娘的发型。到了15世纪，长长的辫子垂在前面，通常垂到衣服的下摆。如果有必要的话，还可以用假发增加头发的长度和厚度，从出土实物中发现，当时人们已用颜色鲜艳的兽毛（鬃）或丝做成假发。除假发外，还可以用各种颜色的长丝填充头发，有时也用流苏或金属来装饰发梢。辫子用金或银的"缎带"捆扎，缎带上还有装饰性的吊坠（图3-22）。

14世纪，发型变得很精致，头发仍然从中间分开，将辫子向上梳，梳在面部的两侧。这种时尚通常需要假发，因此假发的使用很普遍（图3-23）。

中世纪的帽饰最知名的主要有以下三款。

图3-21　颈巾和头巾

图3-22　长辫

图3-23 精致发型

一、兜帽（Hood）

兜帽是一种男女皆可戴的帽子，在13世纪末的男性世界中成为一种新的流行穿戴方式。兜帽起源于意大利，用开放式头巾罩住整个头顶，头巾的尾端像尾巴一样垂在一边，另一边做出褶皱，褶皱的造型类似鸡冠。这种帽子被称为"陪护头巾"或"缠绕的鸡冠头巾"。在14世纪下半叶，随着花瓣扇形或锯齿状、城堡边缘状的流行，头巾褶皱的边缘也被造型出类似形状。只有贵族才被允许戴长尾帽，平民戴尾部很短的帽子（图3-24）。黑色兜帽被认为是高贵的象征，在英格兰爱德华三世（Edward Ⅲ）统

图3-24 兜帽

治时期，妓女不能戴黑色兜帽。在法国，只有有地位的女性才能戴黑色兜帽，而天鹅绒兜帽则只能贵族女性佩戴。到了15世纪下半叶，男子流行佩戴两顶帽子，一顶是戴在头上的礼帽，另一顶或戴在礼帽上，或挎在肩上，同时用手托起长长的帽尾。这个挎在肩上的帽子和帽尾，像极了我们今天职业男子肩膀上所挂的绶带（图3-25）。

二、汉宁（Hennin）

汉宁为尖顶高帽的形式，佩戴时将头发梳到脑后露出前额和耳朵，并用汉宁遮住。汉宁往往还围有一圈轻纱（图3-26）。根据推测，汉宁大致可以追溯到古代东方伊特鲁里亚人的头饰。几个世纪以来，意大利的教皇们也曾一直戴着这种高高的尖顶帽。在梵蒂冈一份古代手稿中的托

图3-25　15世纪后期男子流行佩戴两顶帽子

图3-26　各式汉宁

斯卡纳大伯爵夫人玛蒂尔达（Matilda of Tuscany）画像，她戴着一顶高高的尖顶帽，帽上覆盖着头巾（图3-27）。汉宁在1430年之后达到了顶峰，它最流行的时期是1440—1470年。到了15世纪中叶，汉宁的高度一度达到了90厘米。

图3-27　覆盖头巾的汉宁

三、艾斯科菲恩（Escoffion）

艾斯科菲恩是一种形状各异的填充卷，如头巾状、心形状、蝴蝶状和双角状等，也有教堂的尖塔状或甜面包圈状（图3-28）。在15世纪之前，艾斯科菲恩并不常见，它可能由带披纱的发饰汉宁演变而来。"蝴蝶头饰"的艾斯科菲恩大约在1470年开始流行，佩戴时先用发网将横向张开的两个发结罩住，然后罩上以黄铜等金属丝为骨、用彩色丝绸面料做成的蝴蝶状帽子，最后外披纱质的发网。彩色丝绸上面往往装饰有珍珠、宝石，或用镀金线刺绣。

图3-28　各种造型的艾斯科菲恩

　　汉宁和艾斯科菲恩都流行于15世纪，并在之后享有近三百年的时尚。它们被统称为黄金发网壳状头饰（图3-29）。其共同特点是头发被藏在丝质盒子里，上面覆盖着由金或银绳织成的厚重网，网上点缀着珍珠、珠宝、珠子或闪光片。不同之处在于尺寸和细节，艾斯科菲恩戴上后有一个黑色天鹅绒或金环装饰在前额，贵族女子也有戴着金圈的。

图3-29　各种造型的黄金发网壳状头饰

第四节
欧洲的头盔

冷兵器时代所使用的作战工具主要有弓箭、长矛和重剑等。欧洲人头盔的传统制作方法是先把动物的皮煮熟，趁柔软时固定在用金属加固的木框上做成帽子，整体造型是贝壳状，上面有锯齿状的铁脊（图3-30）。

图3-30　头盔

煮皮革的方法可以追溯到古代，皮革在油、蜡或水中煮，然后蒸以提高硬度。圆锥形的"施潘根头盔"（Spangenhelm），就是用煮过的皮革制成的，上面有小铁片，顶部有一个木制或彩色玻璃的把手（图3-31）。9—10世纪的封建主戴这种头盔，而他的追随者则戴毡帽或草帽。

在11世纪著名的贝叶挂毯（Bayeux Tapestry）中，骑士戴着的圆锥形头盔，同样是用煮过的皮革制成的，但头盔上有大块的铁片做护鼻罩，头盔像盔甲头罩一样，不用时也可以卸下，放在肩上（图3-32）。这种头盔是撒克逊人和诺曼人常见的头饰，又称为Heame。

图3-31　施潘根头盔

铠甲是从东方传入欧洲的，早在8世纪，撒克逊人就开始穿铠甲了，当时的铠甲是由金属环分别缝在皮革或厚重的亚麻布外衣上制成的。12世纪时采用了连环型的亚洲新款，从而超越了之前的盔甲（图3-33）。中世纪宗教战争的一项发明是用皮革或布料填充羊毛后绗缝的衣服，用来穿在沉重的锁子甲下面。

巴斯内特（Basinet）是中世纪的一种轻钢露面头盔，是圆锥形的，戴在铠甲的兜帽外面。随后，轻钢头盔下面附带的披肩替代了锁子甲的兜帽。这种披肩像今天的窗帘一样穿在一根杆子或绳子上，然后垂挂下来搭在肩部，保护面部和颈部的下缘。可移动的帽舌取代了原来的鼻护，带有披肩和帽舌的巴斯内特成为14世纪贵族、骑士的战斗头饰（图3-34）。

图3-32　圆锥形带护鼻罩头盔

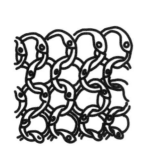

图3-33　连环型盔甲

图3-34　巴斯内特轻钢头盔

14世纪的另一种装甲时尚是将铠甲帽戴在头上或铁便帽外面。还有一顶真正的铁帽,上面还带有帽冠和帽檐(图3-35)。

在肉搏式比武时,骑士们发现轻钢头盔保护不了他们,于是就戴上了像铁壶一样的盔甲帽。这种沉重的盔甲帽可盖住他们的头和脖子,由肩部来承担头盔的重量,便于头在里面自由活动。头盔的眼睛部位有开口,便于由里往外观察,面部有孔供空气流通(图3-36)。即便如此,戴上这种头盔也很不舒服,骑士常常会因酷热而倒下。

脸颊下部可上下开合的贝壳状头盔被称为瑟雷德(Salade),它有一个低的圆形帽冠,颈部后面有一个宽大突出的遮阳板式的帽檐,面部的下半部分被另一块盔甲保护着,覆盖着颈部和下巴,有时面部的护具与帽檐合而为一。帽檐通常镀金、涂漆或覆盖天鹅绒。在帽檐的右边有一个突出的栓,可以调整帽檐的高度以增加空气流通或扩大视野(图3-37)。

图3-35 铠甲帽

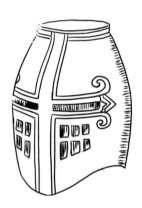

图3-36 铁壶状盔甲帽

图3-37 贝壳状轻盔

开面盔（Barbute）是15世纪的一种头巾状头盔，有时还配有鼻罩，所有的部件都是一体的（图3-38）。圣女贞德就戴这样的头盔。

1440年左右，意大利人集中了多款头盔的优点，发明了一种活动面罩式头盔"Armet"。它有一个小的圆形铁或钢外壳，耳朵、脖子和下巴处都有镀层，有遮阳板和活动面罩，下部在铰链上打开。头盔通过由薄层板组成的护颈与铠甲相连。头盔的颈后部有一个凸轮或圆盘，是为了防止前面面罩误闭合而保留下来的一种装饰品（图3-39）。"Armet"大约在1500年出现在英国。

勃艮第（Burgonet）头盔是一种仿古的带帽冠或外形像帽子的头盔（图3-40）。它最初由勃艮第人在15世纪末佩戴，并一直持续沿用到17世纪末。

17世纪，骑士和圆颅党（Roundhead）佩戴的头盔上的护鼻罩只是一根铁条，后颈护罩由几块金属板制成，帽体为一种仿骑士文明风格的头盔，造型是昂首阔步的毡帽型。在头盔的一侧或背面还有一个插座或羽毛支架，用来固定飘动的鸵鸟羽毛（图3-41）。

图3-38 头巾状头盔

图3-39 活动面罩式头盔

图3-40 勃艮第头盔

图3-41 17世纪骑士头盔

15—16世纪，盔甲种类繁多、富丽堂皇、尤其是在户外仪式上穿的盔甲更为精美奢华。15世纪，所有的盔甲都是暗蓝色的，为了炫耀，暗蓝色上镶嵌了黄金和宝石，通常头盔顶部有一个巨大的翡翠，并用镀金的青铜镶边。铁或抛光钢制成的盔甲被称为白色盔甲，用于战斗。由于抛光的钢很难保持清洁，青铜色在16世纪成为最受欢迎的颜色，尤其是在比武中。后来虽然尝试使用黑色，但人们认为，青铜镀金和表面压花能够产生更为丰富的艺术效果。17世纪是盔甲使用的衰退时期，繁缛风出现在军戎服饰中。盔甲，尤其是头盔，被搪瓷、珍珠、红宝石、绿宝石甚至钻石所镶嵌（图3-42）。

图3-42　镶嵌珠宝的头盔

18世纪时，盔甲几乎完全消失在欧洲战场上，直到拿破仑重视胸甲骑兵编制因而重新启用了胸甲，也取得了相当的战术价值。但随着时代的演进，枪炮威力发展急速，笨重又无法抵御炮火攻击的金属盔甲全面退出战场，不再使用。

说到盔甲，这里要顺便说下纹章学。很早的时候，鸟类和动物的形象就常作为某种象征图案被装饰在战士的盾牌上，但真正以纹章内容组成家族徽章是在12世纪才出现的。在比赛和战斗中，独特的家族徽章成为区分敌友的必要条件。在那个时代，每位骑士都有自己喜欢的主题，他们把它展示在自己的盾牌、旗帜、三角旗和追随者的服装上，因此就有了"纹章"这个术语。在纹章设计上，艺术家们有很大的自由发挥空间，其所包含的题材广泛，如鸟、植物、鱼、风车、城堡，甚至人的形象等。

在英国、德国和意大利，各种等级的骑士都喜欢佩戴徽章，而在法国，徽章是不常戴的。此外，主教们也有自己的徽章。中世纪的比武，是两名男子用倾斜的长矛，或手持未开刃的长剑进行比赛，对手成功地触摸或击中头盔被认为是高明的一击。当参赛者到达举办比赛的城市时，他会将他的徽章和旗帜放在入住旅馆的窗户上。比赛的前一天，所有的徽章和旗帜都被陈列在一个画廊里，供传令官检查。

在15世纪早期，鸵鸟的羽毛被大量装饰在头盔上，羽毛从头盔顶部垂下来，这无疑是一种比笨重的头饰更有艺术感的装饰。军用头盔用管子或插座来固定羽毛，头盔顶端的某些羽毛具有炫耀功能（图3-43）。法国的亨利四世（Henri Ⅳ）在他的帽子和头盔上首次使用了白羽，在伊夫里战役（Battle of Ivry）之际，他命令士兵"不要忘记他的白色光环，这将带领他们走向胜利和荣誉"。

图3-43　装饰羽毛的头盔

PART 4

第四章

西方帽饰的
更新时期

自14世纪初起，欧洲中世纪的典范性制度已逐渐式微。在这种形势下，中世纪禁欲主义的基督教神学思想动摇了，取而代之的是对人的本性和自然躯体赞美的文艺复兴，西方帽饰同整体服装艺术领域一起进入了更新时期。

文艺复兴是指14世纪中叶到17世纪初以新生资产阶级经济成长为背景，以欧洲诸国王权为中心发展起来的文化运动。文艺复兴起源于意大利，威尼斯人以其优雅的品位和考究的色彩，在文艺复兴的初期占主导地位。16世纪早期，服饰由中世纪的暗沉色调变成了明亮的颜色。之后，西班牙对黑色的推崇一直引领着"上流社会"的时尚潮流，直到17世纪。

在这个时代，日常生活的点滴揭示了整个欧洲国与国之间的文化交融和商贸往来。化妆品和香水来自东方，珍珠和海狸帽（Beaver hat）来自新大陆，草帽和毡帽来自意大利，宽边帽和软呢帽来自德国和西班牙。整个欧洲都在寻找新的土地、宝藏和商机。

第一节
文艺复兴早期的帽饰

一、文艺复兴早期的男子帽饰

正如中世纪早期的长胡子和长发象征着贵族一样，人们用不同的头饰风格来区分阶级和职业。文艺复兴早期，发型是自然生长的长发、直发或卷曲的波波头和深刘海，也用黄色、白色真丝做假发，脸被刮得很干净。之后，部分意大利人和瑞士人开始留短发和蓄短胡须。法国国王弗朗索瓦一世（Francois I）在嬉闹中被火把弄伤了头发，不得不修剪自己的长发，于是整个法国都开始模仿这种新发型。英国的亨利八世（Henry VIII）也命令他的朝臣效仿，这种式样一直流行到17世纪初。淀粉在14世纪传到北欧，用于挺括亚麻以及作为护发粉和化妆品。15世纪，由于男子的头发被修剪成短发，为保持贵族的威仪，60年代流行用淀粉把胡子浆出造型。15世纪80年代，法国人把鬓角的头发按女性的发型卷起来。

文艺复兴时期，普通的帽子是用布做的，别致而昂贵的帽子则是用毛毡、天鹅绒、缎子、塔夫绸、纱布等做成的。帽子上的羽毛通常都未经修剪，最好是白色的鸵鸟毛、孔雀毛、仿羊毛等。

文艺复兴时期，时髦的威尼斯人都戴着一种小的、圆的或方的、无檐的、红色或黑色的、毛毡或天鹅绒的、造型像蘑菇一样的软毡帽（Bonnet）（图4-1）。天主教的教士戴的是折出四个角的帽子，如教堂的四个角。这种帽子没有装饰，帽冠被压缩整理出角（图4-2）。最终这种软帽被各阶层所接受并呈现出一定的变化，如三个角代表大学教授。今天大学的学士帽就是由15世纪的四角帽演变而来的。教皇的四角帽是白色的，红衣主教的是红色的，主教的是紫色的，其他教士的是黑色的。

图4-1　软毡帽

图4-2　四角帽1

还有一种款式的四角帽是扁平的，后来被称为贝雷帽（Beret）。它同样起源于意大利，最初是一块扁平的圆形织物，帽顶紧贴头部，帽体上宽下窄并压出褶皱。帽口较大，帽口边缘穿绳，戴上后在脑后抽绳并打结，这也是今天男性帽子衬里的小蝴蝶结的起源。16世纪上半叶，男性的贝雷帽通常戴在天鹅绒或金丝线制成的头巾上，当人们戴上假发时，贝雷帽就会附在上面。最受欢迎的贝雷帽是黑色的，也有猩红色、黄色、橙色和绿色的天鹅绒贝雷帽（图4-3）。

图4-3　贝雷帽

二、文艺复兴早期的女子帽饰

中世纪就开始流行的被称为"致圣母"（à la madone）的女性发型一直延续到16世纪。意大利妇女受到当时伟大画家的影响，用极具艺术感的发型取代了隐藏的头巾。她们把迷人的长发分成几部分，或卷起来梳成发髻，发髻上通常还装饰着珠宝、珍珠、缎带和薄纱；或把头发编成辫子卷起来；或把缎带与头发一起编成长长的缎带辫缠在头上。高额头在整个文艺复兴时期都被保留下来。飘逸的长发只适合未婚女子和新娘，新娘飘逸的长发上常有一块用丝绸或黄金制成的花冠，丝绸可以是普通的，也可以装饰着刺绣，花冠上镶嵌着珠宝、珐琅（图4-4）。未婚女子喜欢珍珠网眼的无边小帽（Calotte），或称为朱丽叶帽，名字来源于

图4-4　极具艺术感的发型及花冠

莎士比亚的戏剧《罗密欧与朱丽叶》。

　　费罗尼埃（Ferroniere）的发式是用一根细链子或窄丝带系在头上，前额中央或有一颗宝石。这种发式源自东方，深受画家的喜爱（图4-5）。

　　1530年以后，法国女士们流行把鬓角烫成卷发并用胶质或黏液固定，后面梳个发髻（图4-6）。必要时，还会在头顶或前额添加假发。"假发"在文艺复兴时期通常指一个发卷或一组发卷（图4-7）。伊丽莎白（Elizabeth）女王曾一度拥有多达80顶假发，假发上装饰着珠宝和羽毛。她最喜欢的假发颜色是藏红花色。除了假发，女子头饰中时髦的还有假网膜（False caul），是用金绳和缎子织成的网套，戴在耳朵上固定。头发和假发上都撒上粉，黑发上撒紫罗兰色的粉，金发上撒虹膜色粉，灰白的头发上撒白色淀粉。

　　面罩在1540年出现，当时是挂在眼睛下面的一小块纱布，用绳子绑在头上，之后变得越来越复杂精致，名字是"Loup"（女用丝质或绒质轻面罩），顾名思义，是一个有白色丝绸衬里的黑色天鹅绒半面罩。女士们在户外基本都会佩戴面罩，以保护妆容和皮肤免受日晒和寒冷。黑天鹅绒面罩只允许贵族戴，资产阶级戴一个小的丝绸或缎子面罩。没过多久，面罩演变成覆盖整张脸，用黑色或绿色的丝绸制成（图4-8）。16世纪60年代，面罩的使用随处可见。

图4-5　费罗尼埃发式

图4-6　鬓角烫成卷发的发髻

图4-7　假发

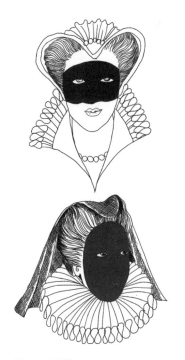

中世纪女子的汉宁尖顶帽和角状头饰消失了，取代它们的是各种造型的头巾式兜帽（Hood）。根据头巾的外形，可以有很多英文名称，如山墙形（Gable）、钻石形（Diamond-shaped）、犬舍形（Kennel）或三角楣形（Pedimental）等。头巾用亚麻布、金薄纱或天鹅绒制作，并把头发完全遮住。在法国，黑色是贵族的颜色，红色是资产阶级的颜色。丝绸或天鹅绒的宽褶头巾通常是黑色的，内衬红色或白色。锦缎兜帽或绣花丝绸头巾，通常用白色细绳系在下巴下面。寡妇们戴的是一种有褶的白色亚麻布护颈头巾帽（图4-9）。

中世纪的面包卷型艾斯科菲恩（Escoffion）以头巾的形式延续了下来，样式是一个用丝绸和珠宝做成的意

图4-8　面罩

图4-9　头巾式兜帽

大利小披肩，挂在发髻上方，并飘饰着一条西班牙纱布做成的饰带（图4-10）。

图4-10　艾斯科菲恩

第二节
文艺复兴盛期的帽饰

一、文艺复兴盛期的男子帽饰

16世纪英格兰的宗教改革使教会的服装失去了许多原古罗马教会特有的特征。新教教会开始佩戴学者和法律人士戴的平帽（Flat cap），后来被称为蒙特罗帽（Montero cap，西班牙语，意思是猎人的帽子）。在那个时代，这种帽子不仅有布料或毛毡材质的，还有黑色天鹅绒材质的，供绅士们使用（图4-11）。

图4-11　平帽

16世纪上半叶非常流行帽边带有切口（裂口）的宽帽檐帽子。这种有凹口刻痕的装饰手法起源于1477年，瑞士士兵在与勃艮第公爵及其手下的战斗中，瑞士人用溃败的勃艮第人留下的条幅、帐篷和旗帜修补他们破旧的衣服。这种手法后来被德国雇佣兵变化出了各种奇异的款式，甚至在大帽子上大肆使用鸵鸟羽毛（图4-12）。

图4-12　带有切口（裂口）的宽帽檐帽子

与此同时，16世纪上半叶，意大利无论男女还流行佩戴一种填充成甜甜圈状的裹头巾，表面用黄金和丝绸装饰得很漂亮（图4-13）。

16世纪中叶，软体贝雷帽的帽冠逐渐变高，帽冠上嵌着珠宝链，将羽毛插在旁边或后面（图4-14）。16世纪后期贝雷帽的帽冠里面添加了金属

图4-13　甜甜圈状的裹头巾

框架，帽体显得很高，帽檐通常很窄。这在当时是一种非常时髦的帽子，而且男女都可以戴（图4-15）。

图4-14　嵌着珠宝链的贝雷帽

图4-15　添加金属框架的贝雷帽

　　阿尔巴尼亚帽（Albanian style）为16世纪最后几年流行时间较短的帽子，特点是宽边、带有浅瓜形帽冠的毡帽，上面镶着珠宝和插着羽毛（图4-16）。服丧时，高冠的帽子环绕着一条黑色薄纱宽带，这条宽带叫作塞浦路斯（Cyprus）（图4-17）。妇女们还可以用塞浦路斯纱和西班牙纱来遮盖面部。

图4-16　阿尔巴尼亚帽　　　　　　　图4-17　塞浦路斯

　　根据16世纪威尼斯政府的命令，犹太医生、商人和其他职业必须戴一顶黄色帽子，以区别于基督教职业。

二、文艺复兴盛期的女子帽饰

　　荷兰头巾（Dutch coif），最突出的是它的双层造型。亚麻布或细布被浆得很硬，也有用铁丝镶边的。上浆的方法最早是荷兰人完善的，精致的头巾、奢华的拉夫领和袖口都是采用荷兰淀粉浆硬的。除了亚麻布和细布，荷兰人的头巾也有用丝绸、黄金或银质的薄纱制成（图4-18）。荷兰头巾的另一种形式是欧洲资产阶级戴的巴弗利特帽（Bavolette），

图4-18　荷兰头巾

样式是帽子上有一个像折叠的毛巾似的饰带，披垂在脑后（图4-19）。

　　一种斗篷式的帽子曾一度取代了头巾式兜帽，这种帽饰有一块心形的布料搭在额头，后来被称为"寡妇帽"（图4-20）。

　　迷人的贝雷帽、切口（裂口）的宽檐帽（图4-21）和时髦的西班牙托克女帽（Spanish toque）（图4-22）也同样深受女士们的喜爱。

图4-19　巴弗利特帽

图4-20　"寡妇帽"

　　16—17世纪，一种源于11世纪的欧洲摩尔人的黑色兜帽斗篷（Huke）变得特别流行，它是一种覆盖头部和身体的兜帽斗篷（图4-23）。其造型像笼子，用铜或木质的箍压在头顶并把斗篷分开，前额有像遮阳篷一样凸出的装饰物——帽舌（Bongrace），用来防止被太阳晒伤，帽舌（帽檐）有各种各样的形式（图4-24）。当今一些法国农民的服饰中还保留着一种带有帽舌的斗篷。

　　时髦的男女都戴着用黑色天鹅绒或其他贵重织物制成的睡帽（Nightcaps），其上装饰有金色的花边和刺绣。无论男女老少，睡前戴的睡帽都是用亚麻、草丝、细棉布等内衣材料制成的。据当时的清单记载，每个人至少拥有8顶睡帽。

图4-21　贝雷帽和宽檐帽

图4-22　西班牙托克女帽

图4-23　黑色兜帽斗篷

文艺复兴时期，女子头顶点缀的金、银、玻璃或珠宝，都给人一种撒在头发上的感觉，黄金、钻石、红宝石、绿宝石、蓝宝石、石榴石、绿柱石、绿松石和珍珠等，被奢侈地用于整个服饰之中。

文艺复兴时期的化妆品大多是意大利生产的，那里出现了第一批美容医生，并出版了第一批美容指南读物。护肤品有爽身粉、面霜、药膏、润肤露、牙齿美白剂等。15—16世纪，香水是必不可少的。最好的香水来自威尼斯，在众多香味中，琥珀和麝香是那个时期的代表。很少有人一年洗澡超过三次，为了掩盖体味，人们把充满强烈气味的蜡团放在特别设计的胸针、吊坠和戒指的空腔里，把装着香水或香粉的球挂在腰带上或者手掌里。那个年代人们几乎所有的东西都散发着香味。

图4-24　帽舌

PART 5

第五章

西方帽饰的
兴盛时期

　　17世纪的欧洲极为动荡，西班牙在时尚界的影响力逐渐减弱，取而代之的是波旁王朝统治下兴盛起来的法国，从路易十三（Louis XIII，1610—1643年）时代起，推行一系列扶持和发展本国工业的经济政策，使法国国力得以发展，巴黎成为宫廷服饰的主宰，王公贵族追求繁华，过着穷奢极欲的生活。18世纪中叶，产生于英国的产业革命，大大加速了西欧资本主义的进程，产业革命从与服装有直接关系的纺织业开始，西方帽饰随之进入兴盛期，即巴洛克时期（17世纪）和洛可可时期（18世纪）。当奢华和时髦的趋势愈演愈烈，直至无法收拾的地步时，服装方面禁锢了形体，如紧身束腰的胸衣。紧身胸衣的出现最初或许是为了强调人的形体美，用以反对宗教禁欲，殊不知过分强调了人的形体美，以致人力去改变形体时，已经从另一端束缚了人的本性和本体。帽饰也一样，在帽饰的兴盛期，极尽唯美和充满艺术感造型的西方帽饰层出不穷，蕾丝、缎带、羽毛的使用泛滥，戏剧性的装饰物创造了前所未有的高发髻，当然，人们在繁华与奢靡的背后也付出了一定的代价。

第一节
巴洛克时期的帽饰

一、巴洛克时期的男子帽饰

　　17世纪中叶之前依旧遵循着西班牙样式，威尼斯人有自己独特的风格，但欧洲其他地区几乎都流行法国的宫廷时尚。17世纪上半叶（1630—1640年）骑士服装的设计和颜色都很优雅，虽然骑士被认为是骑马的，但欧洲优雅的年轻骑士们却习惯于穿着马靴而不骑马在街上潇洒地闲逛。伟大的佛兰德斯巴洛克艺术三杰之一的安东尼·R·戴克爵士（Sir Anthony Van Dyck，1599—1641年）留下了许多令人钦佩的贵族画像，后人在评述这个时代时称它为"R·戴克时期"（Van Dyck Period）。

　　男子的头发在17世纪20年代从短发变成了豪华的披肩长发，头发整体向后梳并披在肩上，露出光洁的前额，上嘴唇的髭向上微卷（图5-1）。这种豪华披肩长发的流行据说源于法国的一个警察，因他一头用缎带扎着的奢华金发被国王赞许而被授予元帅的殊荣。这种发型当时被称为"Lovelock"。

17世纪30年代，刘海出现在男子的额头上（图5-2）。如果前额头发稀疏，就会加一些假发。在这个卷发流行的时代，男女都经常使用卷发棒。时髦大胆的年轻公子还在头发上涂上发粉，但这种做法在当时会遭到质疑，因为发粉会对外套和斗篷的面料外观产生影响，直至1690年，假发上涂发粉才被普遍接受。当时发粉的颜色主要有灰白色、浅棕色或棕褐色，1703年有了纯白色。发粉是把小麦粉精细筛分制成的淀粉与石膏混合在一起，再把各种香味（如龙涎香、麝香、茉莉、鸢尾根和佛手柑等）添加到发粉里，头发上还需抹上一层有香味的发油以固定发粉。

图5-1　披肩长发

图5-2　男子刘海

1624年，因年轻的国王路易十三有点秃顶，假发便开始流行起来，并且普及于之后的几个世纪。欧洲中世纪以来，假发通常是指一个发卷或一根辫子，直到17世纪下半叶，假发才变成长短不一的、卷曲的头套式样，这种头套式假发披在剃得很整齐的或被梳成短髻的头发上。假发一开始是因为头发稀疏而用来代替真发的，到了70年代后期，它变成了一种人造的纯装饰性头饰，材料主要是马毛。绅士们在公共场合交谈时，习惯性地用象牙、银、玳瑁或镶金的袖珍梳子，梳理自己的头发或假发。因为戴着厚重的假发容易出汗，所以常用一顶紧贴头皮的亚麻小帽衬在假发下面。在家里，丝质的"睡帽"可以取代假发（图5-3）。国王的私人理发师是唯一见过他没戴假发的人。他晚上就寝时，假发就从拉起的床帷递给他的侍童，到了早晨，侍童再把假发递进去。

在英国，清教徒曾一度把自己的头发剪得很短，几乎不超过耳朵，以示对卷发和发带

图5-3　睡帽

的蔑视，因此才有了"圆颅党"这个名字。于是，美国殖民地的清教徒也把头发剪得很短，而其他的新英格兰殖民地居民都选择了长发。后来因为查理二世（Charles Ⅱ）从流放地回到英格兰时，戴着一顶浓密的全底黑色假发，这种发型随即被他的朝臣们沿用，戴假发开始在英国普及。

胡须的造型除了前面提过的唇髭向上微卷样式外，还有上嘴唇的小胡子被修理成左右两撮尖尖的样式，下唇的胡子则修理得像一簇头发。胡子上用香蜡润发油整理定型。有一个起源于西班牙的小装置，它可以在晚上睡觉时保持胡子的形状。

整个17世纪，任何一顶好的帽子都很昂贵，做帽子的材料可以是天鹅绒、羊毛、塔夫绸、丝绸或纱布，其中海狸帽是最昂贵的，昂贵到可以在遗嘱中作为遗产留给继承人（图5-4）。因为帽子相当昂贵，当时走在路上帽子被抢并不是什么稀奇的事。昂贵的帽子需要保养，不戴的时候要放在帽盒里。1600年以前，欧洲海狸帽都出产于低地国家（欧洲西部比利时、卢森堡和荷兰三国）。开辟新大陆后，美洲殖民地将大量的海狸皮出口到欧洲并制成帽子。从1624年到1632年，除了水獭皮和其他毛皮外，有4千~7千张海狸皮被运到欧洲，海狸帽的流行造成了海狸数量急剧下降。

当时的西方社会，男性在室内和室外都戴帽子，似乎并没有明确的记录表明在礼仪方面禁止人们在餐桌上或教堂里戴帽子，因此，在室内摘掉帽子的习俗似乎只是为了舒适。礼仪

图5-4　海狸帽

上年轻人在长辈面前脱帽（但晚餐时除外），在皇室面前也要脱帽。帽子有时不与厚重的假发一起戴，这大概是为了不弄乱发型。

17世纪初期，仍然可以看到16世纪时髦绅士头上戴的高帽子。17世纪20—40年代，趾高气扬的骑士帽（Swaggering cavalier hat）很显眼，这种帽子帽檐很宽，要么卷起，要么竖起，装饰有长长的鸵鸟羽毛（图5-5）。帽冠上通常镶嵌着宝石项链或用宝石装饰的丝带。宽檐的帽子因为戴得次数多帽檐会耷垂下来，后来又被称为"懒散的帽子"（Slouched hat）。

在骑士们斗剑时，羽毛被放置在帽子的后面或左边，以防止阻碍手臂的自由活动。另外，帽子上的装饰物通常也是爱情的象征，左边的位置表示心与爱。从那以后，整个身体上的装饰物一直都保留在左边。

清教徒和朝圣者依旧喜欢戴敞着宽边的高帽，帽冠上饰有一条简单的缎带和一个小银扣（图5-6）。清教徒们的衣着看似简朴，但品质很高，通常是灰色或棕色，帽子也通常是昂贵的海狸帽或毡帽。然而，并不是所有的清教徒都穿着"朴素而高雅风格"（Plain style）的衣服，也有一些清教徒采用了骑士风格，并佩戴着珠宝戒指和华丽的鸵鸟羽毛。

骑士帽帽冠的形状不断变化，到了17世纪70年代，松软的帽檐前后翘起。到了90年代，帽檐呈三个面翘起，形成了三角帽，这种三角形的帽檐之后流行了一百多年（图5-7）。翘起的帽檐有时用环扣、钩扣、眼扣固定在帽冠上，有时用一根绳子从帽檐边上的孔穿过去然后固定在帽冠上。翘起的

图5-5　骑士帽

图5-6　清教徒的宽边高帽

帽檐在恶劣的天气里，为了保护扑了粉的头部，可以像挡板一样从侧面随意放下。

古罗马教会依旧保留天主教教士所戴的四角帽（Biretta）（图5-8）。

蒙特罗帽（Montero cap）是一种有帽檐的圆猎帽，适用于便服、打猎和骑马，在欧洲很流行，造型是在简单的圆形帽周围包裹着可向上翻折的毛皮皮瓣（图5-9）。如今的农民和猎人仍戴着它。它通常用毛料与布或毛皮皮瓣制成，也有的采用黑色的天鹅绒材质制成。

蒙茅斯帽（Monmouth cap），最初是在英国蒙茅斯镇（现在仍被称为Capper's town）制造的，是一种编织的羊毛贴头帽，帽檐向上卷起，就是我们今天所说的长筒针织绒线帽（Stocking cap）。当时水手们及殖民地的工人都戴着这种帽子。

巴洛克时期是"滥用"蕾丝的时代，漂亮的衣服与饰品到处都装饰着蕾丝。帽子上的蕾丝常用作"花边"。当时的文献告诉我们，查理一世（Charles Ⅰ）的睡帽有丰富的花边装饰。1685—1688年，英国国王詹姆斯二世（James Ⅱ）逃到法国，并于1701年去世，他的葬礼上戴着路易十四（Louis ⅩⅣ）送给他的蕾丝睡帽。依照法国宫廷的礼仪要求皇室成员死时必须用软帽或其他帽子遮

图5-7　三角帽

图5-8　四角帽2

图5-9　蒙特罗帽

住头部。蕾丝的泛滥使用增加了欧洲各国的财政压力，法国不断颁布奢侈法令，禁止使用蕾丝、缠条、天鹅绒、金银丝织物、金银细绳和金线刺绣，男女服饰只能使用缎带和单纯的丝绸，这导致了巴洛克后期缎带装饰泛滥，甚至出现了按身份高低来决定缎带的使用量的规定。缎带束弯弯曲曲的曲线被强调运用在这一时间段流行的假发和宽檐帽子的羽毛上（图5-10）。

美国殖民地的服饰在17世纪一度追随英国的时尚，并对服饰的奢侈等级有严明的规定。例如，平民与种植园主的帽子虽然款式和质地相同，但一般不会在帽子上饰以羽毛；根据当时的奢侈法，种植园的农妇若佩戴了"丝绸头套或围巾"，她们的丈夫会被罚款200英镑。

二、巴洛克时期的女子帽饰

17世纪的前25年，女性卷曲的头发仍然用金属丝框架支出高高的造型，如果有必要的话，还可以在金属框架上戴棕色或金色的假发。藏红花色是最受欢迎的颜色。头发用发粉和润发油混合制成的糊状物定型，用各种珠宝以及珐琅别针"撒"在头发上（图5-11）。

17世纪30年代，女士发型流行一种面颊两侧剪成短发并烫卷，前额有低垂到面颊的刘海卷发，法国人把这种脸颊上飘动的卷发称为"英国卷发"（English ringlets）。这种发型最打动人的地方是蓬松的鬓角（图5-12）。

漂亮的未婚女士的头发渐渐延伸到肩膀。头发上缠着一串串珍珠，或戴着花，或在头上垂着一根羽毛，或系着黑丝带蝴蝶结。一封写于1640年的家书描述了当时威尼斯女士们佩戴彩色塔夫绸面纱的场景，这些面纱的边角缀有花边流苏。英国女士们喜欢戴一种由薄纱制

图5-10 饰满缎带和羽毛的宽檐帽

成的头饰，其上有漂亮精美的刺绣，或在后脑勺上镶有蕾丝边（图5-13）。

图5-11　高卷发

图5-12　英国卷发

图5-13　装饰羽毛和面纱的头饰

17世纪60年代出现了中分发型，通过金属丝框或"固定式"梳子将下垂的卷发从脸颊处左右梳开。很多时候，卷发是用假发做的，然后用丝带绑在头上（图5-14）。

"Hurluberlu"发型出现于1671年，在这个疯狂的发型设计中，将两边剪成不对称的长度，并在左右肩膀上各留一个长长的卷发。70年代的另一种发型像白菜（Tete de chou），大束卷发被梳在前额两侧，发卷在脑后扎成一束（图5-15）。

图5-14　中分发型　　　　　图5-15　"Hurluberlu"和"Tete de chou"发型

17世纪70年代后期，女子头饰流行起把头发向上堆起的高发髻，这种带着竖起的丝带圈的高卷发型被称为芳坦鸠（Fontange）。其造型像宝塔，方法是将卷发用一根又一根的铁丝框架支撑出一层层的栅栏样式，再装饰带花边的褶皱亚麻或薄纱（图5-16）。无价的金银饰带上镶着珍珠和鲜花，花边上的每一缕卷发和每一块织物都有它的特殊名称，这些五花八门的术语甚至可以出版一本术语词典。这样的头饰有时可以卖到1000~2000英镑。

图5-16　芳坦鸠发型

　　芳坦鸠的高度曾一度上升到荒唐的地步，妇女在进门时需被迫低下头，轿顶也随之升高。路易国王曾抱怨说它太丑了并命令把头饰放低，随即芳坦鸠被降低到了两层（图5-17）。

　　17世纪中叶，女性开始模仿男性骑马的服装，包括外套、马甲、领带、海狸帽或毡帽以及扑粉的假发（图5-18）。有一种平顶发型（Flat on top），从一边分开，拉过前额，铺在铁丝框架上，一直垂到肩部，轮廓像宽大裙子那样伸展开来，再用一个镶着珠宝的大丝带花环固定住，必要时可戴上假发。一个个发卷下端加上镶有钻石、珍珠或其他有色宝石的圆头针，在头的一侧，还可以插上一根长长的下垂鸵鸟羽毛。整个造型看起来像古埃及假发（图5-19）。

图5-17　简化的芳坦鸠发型

图5-18　仿男性的骑马帽饰

图5-19　平顶发型

头巾（Coif）作为便装的搭配被保留了下来。以玛丽·斯图亚特（Mary Henrietta Stuart）闻名的花边帽子和镶白里边的黑色尖顶帽子，至今仍是全世界很多妇女的头饰，被称为"寡妇峰"（Widow's peak），其也用来形容前额上那讨人喜欢的尖状头发（图5-20）。

17世纪40年代出现了一种像手帕似的头巾，这种头巾由蕾丝、塔夫绸或纯深色织物（通常为黑色）制成，方形材料对折系在下巴上，这一时尚一直延续到18世纪（图5-21）。头巾也可用别针固定在头发上，下垂至脸部，据说可以保护皮肤免受晒伤和遮挡雀斑（图5-22）。年轻女性更喜欢黑色的面具，有天鹅绒、缎子或塔夫绸的，也有绿色或白色的丝绸面具（图5-23）。

图5-20　黑色尖顶帽子

图5-21　手帕似的头巾1

图5-22　手帕似的头巾2

　　法国兜帽依旧被各个阶层和各年龄段的女性所佩戴。兜帽通常用黑色或棕色的布料制作，冬天有毛皮衬里。17世纪末，兜帽的材质可以用天鹅绒、羽纱以及一种叫蒂芙尼（Tiffany）的薄丝绸制成。在当时鲜红色或橙红色最为流行（图5-24），被称为"伦敦里丁式兜帽"（London ryding hood）。兜帽和披肩的结合被称为荷兰式兜帽（Dutch hood，荷兰式兜帽仍然是低地国家妇女的最爱）。

图5-23　丝绸面具　　　　图5-24　兜帽

　　16世纪流行的奇特斗篷（Huke），到了17世纪仍为西班牙、德国、比利时、卢森堡、荷兰等国的贵妇所穿。头箍没有了，但全身还是黑布做的。盖住头部的部分被集合成一个小天鹅绒圆盘，圆盘中央有一个黑色的丝绸绒球，绒球绑在一根小棍子上（图5-25）。

　　女子在旅行或狩猎时佩戴的帽子实际上是一种男子头饰的复制品，用毛毡、海狸皮或天鹅绒制成，帽子戴在白色头巾上。当时很受欢迎的样式是我们所熟知的"邮差帽"（Postilion hat）（图5-26）。

　　尖顶帽和猩红色斗篷出现在17世纪下半叶，这个时期的英国和美国殖民地都是巫术信仰和被迫害时期。自那以后，这套服装一直是女巫的装束。

　　自古以来，每个国家都有独特的用植物纤维织成的夏用遮阳帽（Straw hat）。当时，最珍贵的稻草生长在托斯卡纳（Tuscany），这种稻草用来装饰著名的托斯卡纳辫和来亨草帽（Leghorn straw hat）。在英格兰，编织

图5-25　镶有圆盘的斗篷

稻草的技艺可以追溯到1552年，当时苏格兰的玛丽从法国带回了编草辫子的技艺。贵族们戴着自己家族制作的草帽，激励了草帽制造产业的发展（图5-27）。在英国，草编成为一项重要的手工艺，成千上万的妇女和儿童可以在家里完成编织。

图5-26　邮差帽　　　　　　　图5-27　遮阳草帽

第二节
洛可可时期的帽饰

到了18世纪，西欧各国资产阶级不断发展，资本主义势力逐渐增强，社会结构发生着深刻变化。由于资本主义发展的需要，西欧列强对于新大陆的开发也有了新的进展。英国的产业革命大大加速了西欧资本主义的进程，与服装有关的纺织业丰富了人们的生活。18世纪被认为是法国服装史上最辉煌的时期，巴黎一直掌握着流行权杖，为欧洲和美洲殖民地的服饰与社会风尚确定了模式。

美国殖民者对欧洲的新样式非常关注，通常欧洲的新款式在一年之内就会在殖民地流行。其最新款的衣服基本来自法国和英国，时尚玩偶每年会定期从巴黎运往伦敦，伦敦的裁缝和假发制造商把他们的新产品连同来自中国、印度的漂亮织物以及其他奢侈品与家居用品等，由商船定期穿越大西洋航线运抵美洲大陆。更有许多殖民者为了得到特制的服装，专程来伦敦测量尺寸。

一、洛可可时期的男子帽饰

17世纪晚期，男子上嘴唇的唇髭和下巴上的小胡子缩减成一小块，到18世纪初胡须基本从男子的脸上消失了。面颊两侧的卷发或假发通常是蓬蓬式，真发与假发卷在头顶用铁架撑起，从左耳一直挂到右耳，在衔接处涂上发粉来掩盖接缝（图5-28）。

18世纪20年代，流行带着尖顶的全底假发，以前用过的马毛被插入假发的底部，以加强整个假发的轮廓。但从1730年开始，年轻的男士们厌倦了厚重的假发，随后出现了领带假发（Tie wig）

图5-28　蓬蓬式卷发

和袋装假发（Bag wig）。领带假发是把头发简单地向后梳，用一根黑色缎带系住；袋装假发则是将头发包裹在一个黑色粘胶塔夫绸的袋子里，用一根绳子拉紧，再用同样材料的玫瑰花结或蝴蝶结覆盖。袋装假发一般是士兵们佩戴，据说起源于那些在工作时把头发盖住的仆人，到了18世纪30年代，绅士们也采用了最初被认为太疏于礼节的袋装假发。袋子的尺寸逐渐增加到100厘米左右，以保护外套免受假发的油脂和发粉玷污。领带假发和袋装假发的末端缎带随即被借鉴到颈部的前面，在领口处扎成一个蝴蝶结。这也是男子黑色丝质领带的开始（图5-29）。

图5-29　领带假发和袋装假发

同样是18世纪早期，还有一种假发被称为猪尾假发（Pigtail wig），即编成一个紧紧的尾巴状的辫子（有时是两个）。佩戴方法是用黑丝带螺旋缠绕。士兵和水手的辫子通常都是假的，是用黑色皮革制成，于末端加一簇头发（图5-30）。法国和德国规定，腰部后面的两个扣子是辫子的终止点。当军队里理发师太少的时候，整个军团里的士兵会互相系上假发。18世纪末，这种猪尾辫子在平民中消失，但被军方保留了下来。1808年，美国军队结束了辫子制。

拉米利斯假发（Ramillies wig）也是军中很受欢迎的假发，得名于1706年英国人和法国人在比利时的拉米利斯战役。这顶假发的佩戴方法是，辫子用黑丝带从上到下捆扎。有时，辫子在下面打个圈再用丝带扎起来（图5-31）。

图5-30 猪尾假发　　　　　　　　　　　　　　　　　　　图5-31 拉米利斯假发

18世纪70年代的卡多根假发（Cadogan wig），是以早期的卡多根伯爵的名字命名，最初是英国人戴的。卡多根假发的特点是被一根绳子或一个黑色的卡牌系起来，有时是用一把小梳子固定在一个丝网里（图5-32）。

18世纪80年代还有一种独特的发型叫作"刺猬式"（Hedgehog），它的顶部和两侧被剪成凌乱的短发。这种发型有很多不同的风格，最流行的是两边剪成短发，在后面打领带或简单地垂到肩膀（图5-33）。

假发的颜色在18世纪的前25年里，最时髦昂贵的颜色是雪白色和灰色，此外还有棕色、金色以及蓝色和紫罗兰色等。

图5-32 卡多根假发

着装讲究的人会为周六、周日晚上的沙龙聚会特意准备假发，假发被装在一个特制的盒子里送到理发师那里，理发师会用热陶土卷发棒精心整理，涂抹润发油并撒上发粉。许多贵族的

图5-33 刺猬式蓬松发型

大房子里都有内置的假发柜，绅士坐在那里，脖子上围着一块大布，脸部用纸锥保护，其仆人为他新佩戴的假发涂粉。直到法国大革命（1789—1794年）爆发，使用100年的发粉风尚消失了，但仍有许多保王党拒绝放弃这一习俗。

在西方社会里，假发是阶级和职业的显著标志，直到19世纪早期，医生和牧师都还保留着假发。如今，假发仍然是法官和律师职业的固定搭配，君主的马车夫有时也佩戴白色的假发。

三角帽在18世纪依旧是男性常戴的帽子。厚重的假发使人们进屋时把帽子摘下来夹在胳膊下，同时也表示了文雅、职业和社会等级。神职人员戴的是没有装饰的大帽子；绅士和军官的帽饰有金或银的大奖章，以及丝带徽章、花边、流苏或鸵鸟羽毛；阶级低下的人则不戴帽子。

图5-34 瑞士军帽

18世纪有代表性的帽子是瑞士军帽（Swiss military hat），可以军用也可以民用。这是一种大而舒适的帽子，向上翻折的皮瓣在前后形成双角（图5-34）。还有一种被称为Ramillies cock的帽子，它翻折的襟翼比帽冠还高，后皮瓣急剧上升高于前皮瓣，形成一个三角形（图5-35）。

乡村男子戴的是宾夕法尼亚帽（Pennsylvania hat），是一种低冠绲边的圆帽，由灰色、棕色或绿色毛毡制成（图5-36）。

骑师帽（Jockey hat）来自英国，最初由马夫佩戴，它的帽冠很低，帽檐前弯下来遮住眼睛（图5-37）。18世纪80年代后期出现了一种用毛毡裹着海狸皮、帽檐窄卷的高圆帽，也就是19世纪的烟囱帽（Stovepipe）（图5-38）。1792年，法国出现了一种红色羊毛弗里吉亚帽（Le bonnet rouge），这是革命和自由的标志，所以又称自由帽（Bonnet de la liberte），流行于法国大革命时期。帽子成锥形，帽尖向前突出。在古时曾是小亚细亚地区弗里吉亚人所戴，古罗马时代

图5-35 Ramillies cock

为释放奴隶的标志。法国大革命开始后，被作为自由的象征（图5-39）。

在苏格兰，牧羊人、士兵和绅士都佩戴着古老的蓝色羊毛贝雷帽（Blue woolen beret），它是由一块布制成的，无接缝和绑带，帽顶上有一根本地常青树枝或一根或多根羽毛，家族的首领可以插上三根羽毛，绅士可以插两根，族人可以插一根（图5-40）。

图5-36　宾夕法尼亚帽

图5-37　骑师帽

图5-38　高圆帽（烟囱帽）

图5-39　弗里吉亚帽

图5-40　蓝色羊毛贝雷帽

制帽业是美国最早的工业之一，纽约、新泽西州和宾夕法尼亚州的人们戴着国产的帽子，其他大多数人戴的帽子都是进口的。到了1740年，美国的帽子开始大量出口到西班牙和葡萄牙，以致伦敦的毡匠向议会抗议，认为这一行为伤害了本土工业，于是欧洲开始限制美国殖民地帽子的出口量。

直到18世纪上半叶，陆、海军制服在欧洲国家正式确立。海军制服似乎起源于英国。70

图5-41 水手帽

年代，一种叫作水手帽（Sailor hat）的帽子首次出现，这是一种窄边硬平顶帽，整体小而平，由上光或上漆的皮革制成，像是三角帽的缩小版（图5-41）。在当时的一份英国笔记中，它被描述为"整个帽子都被压扁了，看起来像苹果馅饼"。

18世纪晚期，英国海军上将霍雷肖·纳尔逊（Horatio Nelson，1758—1805年）为船员们制作了一种夏季通用的草帽。水手们为了防止潮湿空气对帽子的软化，给草帽涂上了清漆。直到现在，每年6月4日的划船日，男孩们都会戴上一顶帽子，帽子的丝带上别着花。

18世纪军用帽徽的图案和颜色多种多样，美国独立战争时期很常见的军帽是高顶铜制金属板的长面包形帽，军官的帽徽是黑白浮雕，象征着美法两军即将联合。为了使这顶帽子更显有军事气息，外面还加了一层熊皮（图5-42）。

匈牙利骑兵帽，是一顶有宽毛皮镶边的帽子，一面挂着一个尖头布袋。最初，袋子的尖端被固定在右肩，以防止剑的刺入。嘴上留着长长的、下垂的胡须，给人独特而又凶猛的印象。枪骑兵戴着仿金的头盔，周围缠绕着像头巾一样的皮革带子，马尾从头冠上垂下来（图5-43）。

图5-42 军用高顶帽　　　　　　图5-43 匈牙利骑兵帽

二、洛可可时期的女子帽饰

18世纪上半叶，女性的发型是紧贴头部的大背头式，头发从前额向上拉起，在头顶挽成小髻，然后用头巾覆盖。简单的发型上巧妙地点缀精致的小饰品，如金色蕾丝、人造花、条纹丝带、串珠等。余发做成各式卷发（如法国卷发、英国卷发和意大利卷发）披在肩膀上（图5-44）。我们可以从蓬帕杜侯爵夫人（Madame de Pompadour）的各种画像中看到这种风格。蓬帕杜侯爵夫人是法国国王路易十五的最爱，她在1745—1764年引领着时尚界。

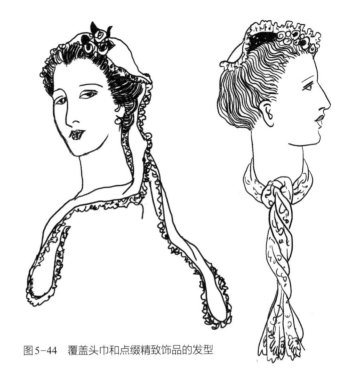

图5-44　覆盖头巾和点缀精致饰品的发型

女性佩戴的假发像一顶独立的帽子，用短卷发或羊毛制成，上面再覆盖自己的头发和蓬松的装饰品。18世纪下半叶，女式的发髻越来越高，大量的润发油、羊毛用来支撑头发，假发用于弥补头发本身的不足（图5-45）。女士们如果要参加舞会需要提前一天梳头打扮，期间不得不坐着睡觉。时髦的妇女平均每年要花费200英镑来整理发型。整理完头发后，女仆会用一张纸或玻璃盆罩住主人的脸，然后用管子把发粉吹喷到头发上。后来人们发明了喷粉器、粉袋和粉机。

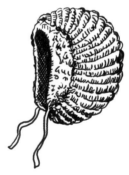

图5-45　假发与高发髻

在半个多世纪的时间里，发粉一直是女性的时尚，它能衬托肤色，增添眼睛的光彩，而且总是用于搭配礼服。灰色、浅棕色或金色的发粉似乎是最受欢迎的颜色，灰色发粉用来掩盖灰尘，白色通常被轻轻撒上一层，以产生一种霜冻的效果。

越来越高的发髻不便经常打理，加上润发油吸尘，整个发型上满是灰尘甚至更严重。另

图5-46 颇具艺术感的高级发型

外，固定时间会涂上有毒的精华液用于消灭害虫。每星期必须"开一次头"，用一种漂亮的小工具——"刮刮器"（一种带钩子的精致木棍，用象牙、金或银包裹，有时还镶上钻石）来减轻痛苦。

18世纪70年代的高级发型确实很有艺术感，也很优雅，但到了80年代，它在高度和装饰上变得奢侈与梦幻。打造发型的材料多种多样，有假发、马毛靠垫、钢丝架、棉毛底，再加上假蓬松物、披肩、薄纱、新鲜或人造的花朵、水果、珠宝、丝带、花边、羽毛等。每一根卷发、每一件装饰品都有一个名字。在盛大的场合，还有用玻璃制作的轮船、马车和风车模型。为了使鲜花保鲜，在发型的底部藏进一个与头部形状相配的扁平小瓶，里面盛水后再将鲜花插入。直到19世纪初人造花的制造才臻于完善，在之前人造花都是意大利修道院的修女们用来装饰祭坛的（图5-46）。

薄纱是一种由丝或棉制成的非常精细的网，最早是1768年在英国诺丁汉的一台织袜机上制成的。这是一种编织松散的经编针法，很容易散开，呈蓬松、条状或褶皱状。薄纱做头饰和巨大的圆帽需要好几码，在当时是紧俏品，甚至有些生产于法国兵营（图5-47）。

18世纪80年代出版了最早的有插图的时尚期刊，这些期刊里报道的重点不是服装而是美发的模式。男士的刺猬发型在80年代女士中也很流行。在这种发型中，前面的头发剪短并卷到发梢，后面的头发呈松散的卷发或卡多根。在骑马的法国女性中，假发被挂在颈部或编成长长的发辫，而英国女性则更喜欢不捆绑的飘逸卷发（图5-48）。

在头饰方面，18世纪初沿用巴洛克时期高大的芳坦鸠，之后取而代之的是小巧玲珑的白色细麻布帽（White linen hat），这些都可以在法国画家和雕刻家华托（Watteau）迷人的画作中见到（图5-49）。

图5-47　薄纱做成的头饰和圆帽

图5-48　蓬松男式发型

图5-49　白色细麻布帽

图5-50　大型无边帽

图5-51　室内头巾式女帽

图5-52　平顶宽边帽

18世纪中叶以后，帽子的尺寸逐渐变大，到了70年代，它变成了一种大型的无边帽，法国人称为"Chapeau-Bonnet"（图5-50）。这是"Bonnet"一词首次用于形容女性的头饰。

"Mobcap"是女士室内用的一种头巾式女帽，源自英国市场妇女所戴的帽子，于18—19世纪盛行，后来演变出垂得很深的褶边（图5-51）。

睡帽（Sleeping bonnet），一种有褶边的帽子，紧抱脸颊，系在下颌下面。

平顶宽边帽（Skimmer hat），是英国乡村少女戴在内衣帽外面的一种宽边草帽，帽顶上滑下丝带系在下巴下面（图5-52）。这款帽子除了用草制作外，还可以用海狸皮做出想要的造型。

在18世纪的最后25年里，草帽比以往任何时候都更流行，大量的稻草从意大利出口（图5-53）。来亨草帽仍用托斯卡纳的稻草编织而成，一顶高品质的来亨草帽可能需要6~9个月的时间才能制成。在英国，稻草编织是一种女性在家中从事的行业，特别是那些收入有限的年轻女性。

大的帽子用长帽针或丝带固定在头发上，之后在下巴处系合，或用对角线折叠的头巾系在头顶上，同样在下巴处系合。帽子上各种材质的色彩搭配优雅奢华，其中鲜绿色是最常用的颜色。

盖恩斯伯勒帽（Gainsborough hat）或马尔伯勒帽（Marlborough hat），由

黑色天鹅绒或塔夫绸制成，帽檐宽大，羽饰线条优雅，可以说是有史以来最优雅的女性帽子
（图5-54）。还有用薄棉布或薄纱制成的头巾式无檐女帽（Toques of muslin）（图5-55），帽
上镶有缎带、羽毛和珠宝。

图5-53　草帽

图5-54　盖恩斯伯勒帽

图5-55　头巾式无檐女帽

18世纪上半叶，女性骑马时的头饰是黑色的丝绸三角帽和涂粉的假发。三角帽绝对是18世纪典型的骑马帽（Riding hat），直到今天它仍是法国正式的骑马帽。骑马帽整体的面料有丝绸、毛毡、天鹅绒和海狸皮，装饰材料是羽毛、缎带和扣带（图5-56）。80年代，流行宽边的骑马帽；90年代，人们戴的是骑师式的帽子，即一种无边贴身的帽子。

18世纪的欧洲妇女还喜欢将黑色蕾丝头巾松松地系在下颌下面。威尼斯的时尚女士们把三角帽戴在黑色蕾丝头巾上，三角帽是镶有白丝边或白丝衬里的黑丝质帽子（图5-57），有时还装饰有羽毛。西班牙妇女戴的是斗篷式蕾丝头巾（图5-58）。法国头巾（French hood）由丝绸、天鹅绒或纱布制成（图5-59）。黑色蕾丝头巾流行于整

图5-56　骑马帽

个18世纪，几乎所有欧洲国家中有地位的妇女都戴着它。另外，还有一种造型像四轮马车车棚式的巨大头巾帽，面料软软的，帽体用鲸须或芦苇箍撑起，这些箍可以像马车的顶部一样被一根系在前面的绳子拉起或拉下，以此控制帽子向后折落或向上戴起（图5-60）。

　　面具的使用不像17世纪那样普遍，黑色的天鹅绒面具只在冬天佩戴，绿色的面具可以

图5-57　三角黑丝质帽

图5-58　斗篷式蕾丝头巾

图5-59　法国头巾

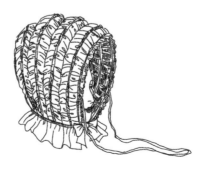

图5-60　车棚式头巾帽

保护女士在骑马时不被晒伤，年轻女孩们戴的是亚麻面具。总之，整个18世纪女子的发型、服饰极度奢华，据说1784—1786年，仅帽子的样式就改变了17次。在这个为整体服装提供奢侈搭配的年代，女帽设计师拥有重要的社会地位。女帽商可以做帽子、披风、头巾，也可以当裁缝修剪衣服。在法国形势剧变之前，几乎所有的时尚女性都戴着巴黎设计制作的帽子。

PART 6

第六章

西方帽饰的
完善化时期

　　帽饰的完善意味颇多，其中重要的指标是功能性和多样性。随着时代的发展及社会的进步，帽饰与人的"默契"显得越发重要，实用与舒适被提到前所未有的高度。19世纪，西方国家进入近代时期，以法国为代表的欧洲各国纷纷进入资本主义社会，社会结构随之发生巨变，作为社会"镜子"的服饰文化也发生了一系列变化。18世纪中叶兴起于英国的产业革命在19世纪开花结果，缝纫机械的发明、化学染料阿尼林的发现、人造纤维的广泛使用，以及时装杂志在欧洲的普及，这些都对帽饰产品的完善化设计及生产起到极大的推动作用。作为进入现代社会的准备期，19世纪的男女帽饰产品及帽饰文化既传承了欧洲古典理念，又显现出资本主义背景下时代与科技的进步，绝大多数帽饰中所用的材料及造型手法被保留至20世纪，并对现在的高级时装设计有一定的借鉴作用。

　　对于西方18世纪末至19世纪这100多年来的帽饰文化，本章将分七个阶段讲述。

第一节
法兰西第一共和国时期（1792—1804年）的帽饰

　　1789年，法国资产阶级大革命宣告其从此进入资本主义社会。法国大革命改变了欧洲乃至美国的穿衣风格，服装上要求消除贵族的夸张、奢华和极端荒谬，过去那以绚烂的贵族男性时装为流行主要角色的历史，与法国封建统治政体的覆灭一起画上了休止符。大革命后的1792—1804年，是由代表法国工商业资产阶级利益的吉伦特派、雅各宾派以及后期的督政府执政的第一共和制，男女服装最显著的变化是简朴志向和古典风尚，追求自然的人类纯粹形态。该政权在1804年5月被拿破仑建立的"法兰西第一帝国"所代替。

一、法兰西第一共和国时期的男子帽饰

　　新"执政内阁"统治下的花花公子或纨绔子弟留着像垂下来的狗耳朵一般披散的长发，面颊两边的头发卷曲凌乱，后面的头发或做成卡多根式发型，或做成海员的棍棒式发型。一

些保守绅士，尤其是年纪较大的男性仍继续把头发编成短辫子并扑上发粉（图6-1）。

　　法国大革命后三角帽消失了，取而代之的是双角帽和高帽子。18世纪90年代出现的折叠双角帽（Chapeau bras）是三角帽的一种变体，美国、英国和法国的海军高级军官都戴双角帽（图6-2）。

图6-1　保守绅士的发型

图6-2　折叠双角帽

　　法国新内阁成员的官方服装以其经典的设计和华丽的外观，激发人们对立法者的尊敬。所搭配的帽子类似于16世纪的西班牙女帽，这种前面翘起的大羽毛帽子如今依然出现在节日场合（图6-3）。

图6-3　装饰有大羽毛的折叠帽

二、法兰西第一共和国时期的女子帽饰

　　在法国大革命时局动荡的几年里，沉重庞大的假发从女性的头上消失了，出现了源自1世纪古罗马的蓬乱短发（à la Titus），发丝从头顶拂过前额和脸颊，类似于20世纪20年代随风摆动的波波头（图6-4）。女性发型也有模仿男性化的"狗耳朵"，脸上垂着一缕缕不均匀的长直发，头上戴着帅气夸张的骑师帽（图6-5）。大革命结束后没过多久，假发又重新回到女性头上。如果买不起整顶假发，可以戴一个大大的假发髻，或者是裹在丝网里的假发（图6-6）。金色、红色和黑色是常见的几种假发颜色，其中金色最受女士欢迎。

图6-4　蓬乱短发

　　头盔帽（Helmet bonnet），通常用丝带系在下巴下，帽子由稻草、丝绸、毛毡、海狸皮和天鹅绒制成。白色被认为是经典颜色很受欢迎，此外还有黑色、樱桃色、紫罗兰色和深绿色（图6-7）。这款帽子流行了一个多世纪。

　　贵格会的服装总是以一种完全简化的形式和精细的面料反映当时的流行模式，常见的贵格会帽子（Quaker bonnet）一般是灰色或棕色的（图6-8）。

　　18世纪晚期和19世纪早期出现了一个极具代表性的时尚元素，即最具可穿戴艺术的东方头巾（Oriental turban），这款头巾尤其适合搭配晚装礼服（图6-9）。据说头巾的流行源于拿破仑在埃及的战役，后来风靡于整个欧洲的有钱阶层。

图6-5　女式骑师帽　　　　　　　　　　　　　　图6-6　假发髻

图6-7　头盔帽　　　　　　　　　　　　　　　　图6-8　贵格会帽子

图6-9　东方头巾

第二节
拿破仑帝政时期（1804—1815年）的帽饰

　　1804年，拿破仑称帝，改共和国为法兰西第一帝国，取消民主自由，加强中央集权，颁布《民法典》，从法律上维护和巩固了资本主义所有制和资产阶级的社会经济秩序，对法国的资本主义发展起了积极作用。为恢复国力，拿破仑鼓励奢华风来推动国家经济的发展，复兴丝绸、天鹅绒和蕾丝等纺织工业，奖励国内的工艺美术事业。新款时装是在公众的冬季舞会和夏季花园里推出，而不是像以前一样在凡尔赛宫举行。

一、拿破仑帝政时期的男子帽饰

　　男子发型流行古罗马皇帝式的短发，发尾拂过额头和脸颊。只有上了年纪的男性和一些士兵才会戴假发或在头发上抹粉（图6-10）。在这个讲究整体清爽干练的新时代，刮胡子变得很重要，许多男人都自己刮胡子。大约在1809年，蓬松的卷发开始流行，小胡子也随即产生，军官们尤其是德国人都喜欢留着小胡子。

　　带丝带的平顶帽依然是男性普遍的头饰。虽然轮廓有些不同，但面料基本都是毛毡、短安哥拉毛或海狸皮，也有用稻草的，颜色有灰色、米色或黑色。缎带系成蝴蝶结或用小钢扣系紧（图6-11）。牧师在正式场合戴浅檐帽和三角帽。

图6-10 短发

图6-11 带丝带的平顶帽　　　　　　　　　　　　　　　图6-12 马夫帽

　　抛光海狸皮的技术是1760年意大利佛罗伦萨发明的，1803年左右抛光海狸皮的高帽并不成功，直到1823年抛光的过程才得以完善。

　　19世纪早期，快速旅行马车或邮车的马夫、邮车骑手都戴一顶有锥形帽顶的大礼帽，因此这种形状的大礼帽被称为"马夫帽"（Postilion hat）（图6-12）。这种帽子是16世纪风格的复兴。在高高的帽冠底部用一根绳子系紧，将帽子固定在头部，这与文艺复兴时期贝雷帽的使用理念相同。现代帽子的皮革汗带上的小蝴蝶结即是这根绳子的残余。

　　花花公子和军官都戴着大大的双角帽，饰有鸵鸟毛、流苏、金色花边或三者都有，用以搭配盛装。欧洲和美国军队的双角帽或军用礼帽，以惠灵顿公爵的名字命名为惠灵顿帽（Wellington hat）。拿破仑著名的三角帽也是双角造型的，帽徽是瑞士军帽的缩小版（图6-13）。

　　苏格兰高地人戴的帽子被称为苏格兰船形便帽（Glengarry），是一种蓝色无檐羊毛帽子，前面帽冠竖起一点，帽顶中间有折痕，帽底穿带抽紧系在后脑部以便使帽子贴合头部（图6-14）。这款帽子在当时是一种新鲜事物，即使在今天，旧的保守主义者也不认为这是正确的或令人舒服的帽子。

图6-13　双角帽

军帽方面，总的来说，欧洲和美国军队的军帽头饰是一样的，只是颜色和徽章有所不同。这一时期首次出现了带有软皮冠、皮带和帽舌的现代军帽（图6-15）。西点军校学员的帽子是上大下小的喇叭形，这种高高的黑色发亮的毡帽，在1810年被国会规定为美国军队的军用帽子，在帽子的右侧后部有一个直立的羽毛绒球（图6-16）。1813年，美国军队用棉花绒球代替了羽毛。将军们戴三角帽，军官们戴双角帽。直到今天，双角帽仍然是

图6-14　苏格兰船形便帽

图6-15　带有软皮冠、皮带和帽舌的现代军帽

海军军官戴的礼帽。

这一时期英国最伟大的时尚情人之——博·布鲁梅尔（Beau Brummell，1778—1840年），在1800—1812年引领着男装的审美走向。他在穿戴打扮上并没有许多创新，但对装束所采取的严谨、庄重的态度使他以讲究而出名。他先后毕业于伊顿大学和牛津大学，并担任过摄政王直辖官，具有非凡的审美能力，是当时男子时装的样板，也是英国王储的伴友及服装顾问。他的服装抛弃了松垮的样式，整体形态挺拔而有力度，对服装是否合身、结构是否合理等方面很有见地，注重服装的裁剪和工艺更胜于装饰。

二、拿破仑帝政时期的女子帽饰

图6-16　美国军用帽

女子发型早期流行古典风格的短发（à la Titus）。不喜欢短发的女子可以再补戴上假发、假辫子或假发髻（图6-17）。许多人梳成"à la Chinoise"的发式，即把头发中分后在头顶上打个结，脸部两侧有一簇簇卷发（图6-18）。

古董式样的发卡是珠宝商的艺术作品，上面镶着珍珠、钻石和小浮雕，还有月桂镶宝石的金花环和镶宝石的冠冕。从当时的许多画作里都能看到一种长长的金色发夹式发饰，长五六英寸，形状像箭。文艺复兴时期的精致绕头链又一次流行了，前额中间镶嵌着一颗宝石。粉色或白色的人造玫瑰是最受欢迎的晚礼服发饰（图6-19）。1815年拿破仑从厄尔巴岛归来的100天里，他头发上的紫罗兰花成了一种帝国时尚的标志。

图6-17　戴假发的造型

图6-18　à la Chinoise发式

19世纪是圆帽的全盛时期，帽檐和帽冠的造型很多，从款式到材质都非常有设计感，缎子、天鹅绒、丝绸、平丝绒、薄纱、花边、稻草、鲜花、缎带和羽毛等配饰的出现，让设计师有了更多的创造空间。圆帽色彩明快，容易造型的羽毛成了那个时代最受欢迎的帽饰，各种不同质地、不同形状、不同颜色的羽毛被用来装饰各种不同造型的帽子，帽子也因此而越来越受欢迎。圆帽能清晰刻画出脸部的线条，饰带被很工整地系于颏下。大帽檐的圆帽投下很深的阴影，使面部并不张扬。佩戴小帽檐的圆帽时，可以露出一绺卷曲的刘海儿。19世纪后期，圆帽被贬出上流社会，成了女仆服的一部分，女仆们戴着与她们级别相称的圆帽工作。

大大小小各式各样的宽檐女帽（Poke bonnet），被各个年龄段的妇女和儿童普遍戴着。与18世纪后期一样，有些帽子仍然用对角线折叠成三角形的丝巾系着，丝巾或是绿色或是红色，而帽子的颜色常常被忽略，或用缎带把宽大的帽檐压在面颊上（图6-20）。

图6-19 头饰

图6-20 宽檐女帽

受当时军事事件的影响，许多女士的帽子也带有头盔或军帽的痕迹。在男性大礼帽越来越受欢迎的同时，女帽的帽冠也变得越来越高。到了1813年，女士们坐在马车里时不得不把它们摘下放在膝盖上（图6-21）。

带褶饰花边的内衣帽被赋予了古老的名字"Lingerie cap"，这种带有刺绣花边的亚麻帽子通常是晚上戴的，也有早上戴的贴身刺绣薄纱帽，睡觉时戴的精致亚麻花边帽（图6-22）。

东方缠头巾（Turbans）依旧非常流行，尤其是在晚上出席宴会时。缠头巾是用缎子、天鹅绒、银纱布、织锦、刺绣面料和亮片材料制成的（图6-23）。缠结的丝质围巾，还可以披在身后散开，像沙漠中的阿拉伯人。

成功的英国机器制造业使网纱和花边的成品越来越精美，面纱和披肩从而成为当时的时尚单品。可爱而昂贵的面纱从帽子的前面垂挂下来，或长或短，或直接披盖在头上，代替帽子（图6-24）。

图6-21　高帽冠圆帽　　　　　图6-22　内衣帽

图6-23 缠头巾　　　　　　　　　　　　　图6-24 从帽子的前面垂挂下来的面纱

第三节
浪漫主义时期（1815—1840年）的帽饰

　　拿破仑帝国覆灭后，梦想资本主义无限发展的资产阶级浪漫主义与企图向贵族时代复归的反动的浪漫主义混合在一起。形式上反对古典主义和合理主义，逃避现实，憧憬富有诗意的空想境界；服饰上充满幻想色彩的典雅气氛，注重曲线效果，在简洁中体现华丽。

一、浪漫主义时期的男子帽饰

浪漫主义时期，无论男女，卷发都是一种时尚。直发的男子用卷发棒来烫发，并在鬓角和前额卷出与女子一样的发型（图6-25）。据说，当时的时尚专家博·布鲁梅尔雇用了三个理发师为他整理头发，一个卷前发，一个卷侧边，一个负责卷后脑上的头发。有些男子把脸刮得干干净净，也有些男子留着小胡子或短胡须，或两者兼而有之，总之面部都很干净整洁。

图6-25　男子发型

高高的海狸皮帽仍是一种时髦的帽子，它的帽檐形状各异，边缘窄的卷边被命名为"德奥赛卷"（D'Orsay roll），据说是因当时巴黎和伦敦的社会领袖加布里埃尔·德奥赛伯爵（1801—1852年）佩戴而知名。白天戴的海狸皮帽有浅黄、灰色、白色，晚上戴黑色（图6-26）。

丝质的高帽子据说是1775年左右在中国广东诞生的，是一位中国制帽人为一位叫贝塔的法国人做的，贝塔把他

图6-26　海狸皮帽

的新帽子带回了巴黎并被效仿。1823年，法国发明家吉布斯（Gibus）发明了一种可折叠的丝质高帽子，并于1837年申请了专利。这种高帽子通常在去歌剧院时戴，因为在衣帽间里太占地方，所以被设计成可以夹在胳膊下，它也因此被称为歌剧帽（Opera hat）。

受诗人拜伦的影响，凯尔特人（Celts，西欧最古老的土著居民，也是现今欧洲人的代表民族之一，以现今的爱尔兰人、苏格兰人、威尔士人为代表）的帽子时尚席卷了浪漫的19世纪30年代，男子、女子和儿童都戴着一种变体后的苏格兰式毡帽（Scotch bonnet），样式类似于厚重毛料的贝雷式帽子，特别适合男子在冰上玩冰壶游戏时戴（图6-27）。

有帽舌的帽子是19世纪初最新的款式，最初是军官戴的，后来被骑师、小男孩和马车

夫采用，最终成为穿着得体的男士在户外
做运动时的头饰。这种帽子通常是用布做
的，因此很容易搭配外套（图6-28）。稻
草和毛毡被用来做乡村的有帽舌的帽子。
军队制服的设计趋势则是更加实用和舒
适，1825年，美国军队允许军官和士兵戴
一顶布制的军帽来代替笨重的皮革军帽。
1831年，由北非的阿拉伯人和法国人组
成的法国义军团，戴着饰有流苏的红色毡
帽或白色头巾（图6-29）。

图6-27　苏格兰式毡帽

图6-28　布帽

图6-29　白色头巾

二、浪漫主义时期的女子帽饰

大约在1820年，美国人威廉姆斯（J.R. Williams）第一个发明了机械生产毛毡的工艺，尽
管后来在机器上进行了许多改进，但原理仍然不变。在美国，对进口的来亨草帽要征收关税，
因此酷暑时戴棕榈叶帽流行起来。叶子从古巴进口，帽子的价格从25美分到2美元不等。

浪漫主义时期，几乎所有最新的时装都源自巴黎，但推动这些流行的不是皇室家
族而是舞台女王，当时流行的主要内容是发型和头饰。"à la Chinoise"发型是把头发
梳到头顶，耳朵暴露在外面，一束束的卷发被放在太阳穴附近，顶髻的造型奇形怪状
（图6-30）。编紧的头发被拧成圈、瓮或其他什么造型，然后加上丝带、花朵和串珠，用铁
丝、长别针和雕花贝壳发卡把顶髻固定住。那些竖起的头发圈被称为阿波罗结（Apollo's

knots）（图6-31）。大约在1834年，太阳穴附近的卷发低垂到脸颊，英式卷发卷土重来。1840年，发髻低垂在脑后，下垂的发髻通常由玳瑁等制成的意大利装饰性发夹夹住（图6-32）。

　　女性的头饰丰富多样，无论是在室内还是室外。年轻的已婚妇女头上有假发、鲜花、花边、羽毛、镀金的麦秆或镶着漂亮珠宝的发卡等，一应俱全。出现在16世纪的戴在头上的精致链子此时依旧是流行的宠儿，它由细长的丝绒带、串珠和小小的人造花组成，前额饰有一颗宝石（图6-33）。年纪较长的妇女们戴着用昂贵的锦缎、白色羊绒和花纹薄纱制成的头巾，头巾上缝缀着珍珠或亮片（图6-34）。其中白色和金色的头巾最受欢迎。丝带曾风靡一时，丝带可以结成蝴蝶结或随风飘动，末端被剪成尖头（图6-35）。服丧时戴黑色头巾（图6-36）。

图6-30　à la Chinoise发髻

图6-31　阿波罗结

图6-32　脑后低垂的发髻

图6-33　精致链子

图6-34　缝缀着珍珠或亮片的头巾

图6-35　系成蝴蝶结的丝带

图6-36　黑色头巾

图6-37 西班牙宫廷头饰

随着波旁王朝恢复统治,出现了一种类似16世纪西班牙帽(Spanish toque)的宫廷正式头饰,款式为白色缎子无檐帽,上面竖着白色的鸵鸟羽毛,还有用金或银刺绣的花边或丝绸垂饰(图6-37)。

1830年左右,出现一种晚宴上使用的独特头饰。这种头饰由几个扇子一样的造型组合而成,面料通常是白色的绣花蝉翼纱或印度细布,扇子是被浆过的或用金属丝做框架,边上加丝绸或金色的花边、鲜花、缎带、珠宝、胸针、别扣以及精心设计的发夹(图6-38)。

尽管圆锥形帽子在之前有各种大小和形状,适合各种服装和场合,但它真正流行始于19世纪30年代,品种有睡帽、晨用帽和戴在大帽子下面的带花边的帽子。30年代晚期最讨人喜欢的头饰是一种拱廊式睡帽,是一顶半帽,戴在脑后,上面有花边、缎带和玫瑰花蕾,经常用缎带系在下颌底下(图6-39)。

1830—1831年,车篷式帽子变得特别大,宽阔的"车篷"顶部和前面的镶板用缎带系在下颌下面。1835年,出现了较小的版本——比比帽。在比比帽中,缎带同样系在下颌的下面,细小的人造花和蕾丝花边完美地衬托出鹅蛋脸,非常迷人(图6-40)。巴伐利亚式宽边帽在脖子后面有一个褶边,因此得名"车篷式软帽"。从这一时期开始,这

图6-38 扇子组合头饰

图6-39 拱廊式睡帽

图6-40　比比帽

个术语一直是指系在下颌下面的女士帽子（图6-41）。

　　1830—1835年，骑马非常流行，妇女戴着高高的丝绸或海狸皮帽子，帽子上偶尔插着羽毛，前面漂浮着绿色面纱。素色网眼边或花边的面纱当时最为流行。面纱用一根绳子系在帽冠上，悬挂在前面或飘浮在后面（图6-42）。帽子的边缘通常镶有深深的褶皱花边。

　　身穿白色婚纱的新娘，经常会在头上戴一个白色玫瑰花环（图6-43）。美国女孩遵循着英国新娘的习俗，即头发上点缀玫瑰，并在玫瑰之月的6月结婚。

图6-41 车篷式软帽　　　　图6-42 戴面纱的骑马帽　　　　图6-43 新娘头纱

第四节
维多利亚和法国第二帝政时期（1840—1870年）的帽饰

　　1852年路易·波拿巴正式称帝，从此一直到1879年，法国进入近代史上第二帝政时代，流行的主权又一次从名演员那里回到宫廷，又一次复兴了18世纪的洛可可趣味。与法国并称于世的是被称为"世界工厂"的英国，这时正值维多利亚女王执政时代，是英国工业革命取得辉煌成果并称雄世界的时期。1851年，维多利亚女王主持了伦敦万国博览会的开幕式，博览会上展出了1.3万余件工业产品，各种花色的新纺织品神话般地丰富了欧洲纺织及服装市场。

一、维多利亚和法国第二帝政时期的男子帽饰

　　在这一时期，男装的设计趋势由伦敦统领，并很快被整个欧洲穿着得体的都市男子效仿。奢华的卷发依旧很受欢迎，头发长度适中，向前或向后梳起，下巴上有一撮尖尖的胡须，以纪念1851—1870年在位的法国皇帝拿破仑三世。时髦的男子用芳香的孟加锡油梳头，边远的樵夫则把牛脂或熊脂抹在头发上使其光滑。

　　在所有正式场合，黑色拉丝海狸皮或黑色丝绸制成的大礼帽仍是主角。由于海狸供应的

数量减少，海狸皮帽慢慢消失，皇室成员逐渐接受了黑色丝绸帽子的流行。帽冠和帽檐的轮廓每年都在变化。帽冠的高度分为14.6厘米、17.8厘米和19厘米，帽冠上的腰条用浅黄褐色、灰色或白色的布做成（图6-44）。

图6-44 丝绸大礼帽

大礼帽的造型虽然很漂亮，但戴着却不太舒服，所以农民慵懒的毡帽慢慢被都市里的绅士接受。软毛毡起源于意大利和奥地利，可以追溯到中世纪，最初是垫在头罩或头盔下的用野兔毛制成的头巾式毡帽。慵懒的垂边软帽（Slouch hat）在具有浪漫主义和民主思想的人群里（如波希米亚人），以及艺术家和音乐家中流行起来，也意味着对戴着丝绸帽子的"花花公子"的鄙夷（图6-45）。阔边帽的流行要追溯到伟大的匈牙利爱国者路易斯·科苏斯（Louis Kossuth）于1852年和1853年访问英美两国时所戴的一顶黑色毡帽，四周的帽檐都被翻起来，后面挂着一条短尾的缎带。大约在同一时期，后背有飘浮缎带的猪肉馅饼形状（A pork pie）的帽子在欧洲大陆很流行（图6-46）。1861年美国南北战争期间，军官们开始戴阔边毡帽，北方人用深蓝色，南方人用灰色。同样是阔边帽，后来也被称为墨西哥宽边帽（Mexican sombrero），在美国西部和南方非常受种植园主与拓荒者喜欢，又被称为"牛仔帽"。19世纪中期的伦敦警察和美国警察都戴着黑色的烟囱帽，马车夫戴着有浅色带子的大礼帽。

图6-45 慵懒的垂边软帽

1850年，英国帽匠威廉·鲍勒（William Bowler）设计了一款新的帽子。这是一种坚硬的圆顶毡帽，帽檐扁平，帽顶呈瓜形（Melon-shaped crown）。当时纽约的警察也戴这种帽子，这在19世纪60年代的插图中还可以看到（图6-47）。

铁路的修建改变了人们的生活方式，在欧洲，贵族和中上层阶级去海边或内陆湖度假时，男性用更休闲的夏季稻草水手帽来搭配轻薄的夏装（图6-48）。打猎、

图6-46 猪肉馅饼形状毡帽

钓鱼或其他休闲运动时则戴有帽舌的羊毛格子帽，这种帽子随即在男性的运动服中流行起来（图6-49），后来被海军的水手所采用。

苏格兰巴尔莫勒尔帽（Balmoral），是一顶蓝色毛线贝雷帽。在19世纪50年代，维多利亚女王的丈夫阿尔伯特在苏格兰阿伯丁郡建立了巴尔莫勒尔的新城堡作为皇家住宅，从那时起，巴尔莫勒尔帽开始流行起来（图6-50）。

法国军队为适应气候和地形变化，在非洲发明了更实用柔软的军帽，取代了之前僵硬不舒服的帽子，这款军帽上用可洗的像白色窗帘似的面料覆盖帽身和颈部，可遮阳防蚊虫（图6-51）。这一时期还出现了一种新的木髓头盔（Pith helmet），由印度海绵树的木髓制成，最初是英国军队在印度佩戴的，用以抵挡炎热的太阳（图6-52）。

二、维多利亚和法国第二帝政时期的女子帽饰

本时期女性的发型中，中分的圣母风格仍然流行。面颊两侧的头发全部向后收拢到一个巨大的发网里，马塞尔波浪卷（Marcel wave）被均匀放置在头部两侧。马尼埃发辫（Manier

图6-47 瓜形毡帽

图6-48 夏季稻草水手帽

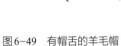

图6-49　有帽舌的羊毛帽

图6-50　巴尔莫勒尔帽

图6-51　军帽

图6-52　木髓头盔

bandeau）是指用梳子将前面的头发梳起后用束发带或细丝带紧紧扎成发辫，然后梳成高卷发型。19世纪60年代，光滑的发型消失了，取而代之的是卷发、发带、发辫和卡多根（图6-53）。许多女性把头发染成她们自己想要的颜色，如黄色、番茄红色和桃红色等。

19世纪50年代，古老而又有艺术感的头饰——网帽（Net cap），变得极为时髦。网帽用丝线编织而成，用天鹅绒缎带镶边，

图6-53　卷发发型

图6-54 网帽

用镀金的纽扣固定（图6-54）。19世纪60年代，还有用人发织成的网，女性把自己剪下的头发交给她的发型师制作网帽。

1855年，在巴黎举行的世界博览会极大地推动了法国的花卉制造业。郁金香、紫罗兰、玫瑰、紫丁香、报春花、牵牛花等，都能被做出仿制品。晚装的头饰用人造花、缎带、蕾丝等来装饰（图6-55）。各种发型的名称甚至会用发型上的装饰品来命名。

用蕾丝、丝网或松松的丝线编织而成的蓬松的三角头巾，通常在晚上佩戴，尤其是在冬天。这种讨人喜欢的古老头巾一直延续到19世纪末。小的比比帽、"窗帘式"软帽和"扇子式"头巾帽仍是流行的款式。这些头巾式软帽是用天鹅绒、缎子、花边或稻草做成的，上面装饰着缎带、羽毛、花朵和水果，外面包裹着纱布、薄纱、花边，用粗绳扎成褶皱状，下巴下面系着宽缎带（图6-56）。

海狸皮软帽仍然很流行，虽然搭配晚装该帽体显得太重了，而且价格还越来越昂贵。19世纪60年代，帽子变小，成为小巧玲珑的装饰品，上面有垂饰、丝带、花朵，有时还戴上面纱。小巧的帽子戴在额头的前面显出完美的脸型（图6-57）。扁平的小礼帽还在使用，常被放在一个装饰讲究的大帽盒里，便于有钱的夫人们旅行时携带。

还有一款女版的猪肉馅饼形状小圆帽，佩戴时顶在头顶，并装饰着鲜花和丝带（图6-58）。当发髻在脑后逐渐升高，小圆帽向前倾斜到眼睛，长长的飘带要么从帽子后面飘下来，要么穿过头发。

图6-55 发型上的各种装饰

图6-56 头巾式软帽

图6-57 小帽

图6-58 猪肉馅饼形状小圆帽

　　1850年，草帽又重新流行起来，特别受欢迎的是有宽大下垂帽檐的平底帽，有时会在帽子边缘加上薄纱或蕾丝褶边，用来"防晒"。这种帽子不是用缎带系着的，而是用特制的长别针固定的（图6-59）。

　　镶有金色蕾丝花边的网状或薄纱的小帽子，在19世纪60年代持续了数年（图6-60）。遮脸的面纱大约在1863年出现。新娘的头纱大约有身体的四分之三长，是当时全白婚纱的亮点。60年代后期，所有的颜色，尤其是精致的色调，都以深色为主。

图6-59 平底帽

图6-60 金色蕾丝花边小帽

第五节
1870—1880年的帽饰

一、1870—1880年的男子帽饰

尽管19世纪80年代络腮胡子仍是男性面部的亮点，但修剪整齐的短发加上白净面容上的小胡子也是男子的标配。

　　帽子的款式多种多样，从礼帽、软毡帽、稻草帽到硬毛毡帽和高顶大礼帽，丰富着男子的帽饰文明。礼服帽子是高高的黑色丝绸长毛绒帽，形状与前个时期基本相同，珍珠灰色、浅黄色或白色的礼帽适合下午的聚会和赛马会。大礼帽一般戴在年长的有高级职位或有贵族血统的男性头上，他们拒绝放弃这种代表尊严的头饰。黑色、棕色或棕褐色的圆顶窄边礼帽逐渐成为非正式着装风格的代表，帽墙上人们喜欢配黑色的带子（图6-61）。

　　随着旅行和运动成为当时的摩登生活方式，软毛毡格纹帽越来越流行（图6-62）。因阿尔卑斯山是旅游胜地，故登山爱好者所戴的中间有凹痕的毡帽又被人们称为阿尔卑斯帽或泰罗利毡帽（Tyrolese hat）。19世纪90年代，由于威尔士亲王（Prince of Wales）的喜爱，这种帽子变得更加时髦起来。

　　19世纪下半叶，美国西部的牛仔以其别致而又实用的服饰崭露头角。牛仔们所戴的帽子被统称为"牛仔帽"，多用于户外生活，对任何一位牛仔来说，牛仔帽都是必备的良伴和挚友（图6-63）。

　　1870年发明了可以缝纫稻草的机器，出现了帽冠扁平、帽缘滚起式样的稻草帽（图6-64）。水手或船工为防止蚊虫叮咬，会在草帽上涂上虫胶（图6-65）。除了稻草帽，用夹克布料制成的带有帽檐的软帽也流行于男子运动服中。一名喜爱旅游的英国人用羊毛和毛皮制成了伐木工戴的蒙特罗帽（Montero caps），后来深受美国西部人的青睐。

　　男子帽子的特点之一是用彩色缎子衬里，通常是在白色缎子衬里上手绘风景或运动场景，有时还绘有芭蕾舞演员，这种时尚一直持续到19世纪90年代。

二、1870—1880年的女子帽饰

　　女子发型在这个时期盛行瀑布般的披肩卷发，颇有法国大革命之前发型的味道。瀑布卷发的底部用马鬃垫垫起，然后盖上厚实松散的发辫或卡多根卷发（图6-66）。

图6-61　礼帽

图6-62　软毛毡格纹帽　　　　　图6-63　牛仔帽

图6-64　帽缘滚起式样的稻草帽　　　图6-65　船工草帽

"蝴蝶结网"（Ribbon bows）是一种用黑色丝质物编成的发网，头发被这种发网包在脑后，有时在脑前扎一个蝴蝶结，脑后的缎带蝴蝶结被称为卡多根蝴蝶结（图6-67）。盛装时发型在后面呈卷曲瀑布状，头顶饰有鲜花、羽毛和白鹭。翻滚的卷发、花朵、羽毛和帽子，与礼服的廓型——呼应。

由缎带、蕾丝或鹅绒做成的小巧圆盘状装饰帽子依旧戴在头顶，向前或向后倾斜。粗麻布做的带子类似帽子的底座，可以抬高帽体并藏在鲜花和缎带下面。由缎带、蕾丝或天鹅绒做成的褶皱圆盘，前面饰有装饰线，后面挂着带花边的垂饰（图6-68）。在正式的晚宴上，帽子通常和晚礼服一起穿戴。19世纪初期被人所喜爱的亚麻内衣帽，重新获得喜爱，它是用很细小的花边、褶边和缎带做成的。

软帽由几种不同的织物和装饰精心组合而成，繁复多样。天鹅绒、丝绸、毛毡、羊皮、马毛、塔夫绸、蝉翼纱、稻草、花朵、花边、羽毛、钢珠、青铜和搪瓷等，所有这些结合在一起，构成了华丽的帽饰。有时，帽子的宽带只是装饰性的，被做成细褶花边、抽

图6-66　瀑布般的披肩卷发　　　　　　　　　　　　　　图6-67　蝴蝶结网

图6-68　戴在头顶的小帽子

成细褶的宽带、丝带、花串，甚至是皮草条。通常，小帽和软帽用镶有宝石的长帽针别在头发上，帽针上镶有玉或珍珠（图6-69）。

　　"瑞典帽"（Swedish bonnet）是一顶黑色的小圆帽，在天鹅绒蝴蝶结上的一簇羽毛中插着一枚别针（图6-70）。稻草做成的旅行者帽，与男性的差不多，在19世纪70年代偶尔能看到泰罗利毡帽（Tyrolese hat）的女性版本。

　　黑色或白色薄纱做的面纱被紧紧地系在脑后，在脸上形成褶皱。新娘的头饰上点缀着橘子花，盖住了整个面部，大块方形白色薄纱垂到地上（图6-71）。

图6-69 装饰华丽的软帽

图6-70 瑞典帽   图6-71 形成褶皱的面纱

　　这一时期的颜色色调丰富，如莲花蓝、铜红、凡·戴克红、水獭棕、紫色和一种被称为威尼斯天芥蓝的蓝绿色。绿色是流行色，有铜绿、蛙绿、深绿、金丝雀绿和鼠尾草绿等。

第六节
1880—1890年的帽饰

丝绸自中国传入西方社会后，其特有的丝滑的材质、斑斓的色彩以及迷人的光泽，极富奢华气质，加上价格昂贵，因而受到贵妇们的追捧。19世纪末期，丝绸制成的丝缎蝴蝶结、各种帽饰成了那个时期贵妇最时尚的代表。

一、1880—1890年的男子帽饰

在这个十年里，黑色丝绸礼帽依旧是礼服的固定搭配。圆顶窄边礼帽（Derby hat）开始流行，填补了正式礼帽和休闲帽之间的空白（图6-72）。同一时期，硬草帽也开始流行，即一种帽顶上裹着白色棉布或丝绸围巾的草帽，它起源于印度，在那里被用来防晒，是头巾的一种形式（图6-73）。

图6-72　圆顶窄边礼帽

图6-73　硬草帽

源于蒂洛尔人的柔软毛毡帽后来又被称为翘边帽（以其制造地Homburg命名），应用越来越广泛。类似的帽子还有阿尔卑斯帽和软呢帽。因人们对运动兴趣的增加，还创造了款式多样、戴着舒适的软帽子，如骑自行车、打球时都戴一顶有帽檐的白色亚麻布帽子（图6-74）。

图6-74 运动软帽

二、1880—1890年的女子帽饰

这个时期女性的发型比较简单，紧贴头部向后梳，把发髻放在头顶。发髻用象牙、玳瑁或琥珀色的发卡固定，上面有一根普通的带子或排钮，用绸缎或天鹅绒做的小蝴蝶结依偎在发髻上。前额有大量卷曲的刘海，后颈和耳朵前面的小卷发使整个头部轮廓变得柔和（图6-75），头顶上戴着一顶很像17世纪的芳坦鸠头饰。

蝴蝶结和晚装的发型搭配在一起，有时还配上一个精致的花边玫瑰花结。礼帽和软帽上挂着逼真的仿生造型：翅膀、白鹭、鸵鸟、小鸟等，还有用塔夫绸、缎子和天鹅绒制成的丝带圈。最受欢迎和最正式的装饰品是三个鸵鸟头和一只白鹭的模型组合。因为对鸟类标本甚至是小海鸥的狂热喜爱，当时曾一度导致鸟类毁灭性死亡（图6-76）。帽子用短丝带系在头上，或者用珠宝饰针别在头上。在这个时期，马车车篷盖式软帽脑后的部分被剪掉了，从侧面看额前的刘海和后脑的发髻廓型分明（图6-77）。

19世纪80年代，越来越多的人用卷发棒在头上烫出一排排均匀的波浪，再加上卷曲的刘海和低发髻。金发的时尚一直持续到19世纪末，许多女性为了拥有理想的发色，采用漂白的方法，所谓的"双氧水金色"指的就是人工获得的金色。

水手草帽依旧很受欢迎，其中布列塔尼水手帽（Breton sailor hat）借鉴了男性软呢帽

图6-75 卷发

图6-76　各式仿生造型发型

和圆顶窄边德比帽的特点，并作为运动服装在狩猎、骑自行车、射箭和登山时佩戴，帽子上会配上缎带、一对翅膀或一只鸟类标本（图6-78）。许多女士喜欢在打网球时戴一顶亚麻遮阳帽，与当时流行的日间服装搭配。"Tam-o'-shanter"帽子（带有苏格兰血统的圆形羊毛或布制帽子，帽顶中间有一个绒球）经常出现在当时女士们打草地网球和保龄球的照片中。在游艇上，女士们戴着无帽檐的男式白帽（图6-79），狩猎时喜欢戴男式粗花呢格纹狩猎帽（图6-80）。

虽然浅色的帽子常常在夏季出现，但这十年间的色彩基调是深绿色、红色、梅子色、深蓝色等柔和色调，其中棕色是主要的颜色。

妇女服丧时，衣服和帽子都是暗黑色的。黑色无檐帽在靠近面部的位置有一圈白色褶边，帽子上盖着一条沉重的长长的面纱（图6-81）。

在这个不使用化妆品的时代，人们在夏天用遮阳帽和阳伞来保护皮肤，在冬天则用薄面纱来遮挡太阳（图6-82）。

图6-77　马车车篷盖式软帽

图6-78　布列塔尼水手帽

图6-79　男式白帽

图6-80　男式粗花呢格
纹狩猎帽

图6-81　黑色无檐帽

图6-82　面纱

第七节
1890—1900年的帽饰

一、1890—1900年的男子帽饰

19世纪的最后十年，也是美国人所说的"镀金时代"，小胡子和单片眼镜是那个时代衣着讲究的"花花公子"的标志（图6-83）。以当时的杰出人物凡·戴克为代表，时髦的年轻人不再卷发，而修剪整齐的胡子深受职业男性的喜爱。黑色的丝绸礼帽仍搭配礼服，黑色、棕色或棕褐色的德比帽（Derby hat）为日常所佩戴。

软呢帽成了英国皇室的首选帽子，威尔士亲王，也就是后来的英格兰爱德华七世（Edward Ⅶ），他在很多场合都戴着用白色丝带镶边的软呢帽（图6-84）。

硬草帽是人们首选的夏季帽子。帽子上有一根黑色的丝线或松紧带，一端系在穿着者的大衣翻领上，以防止突然刮来的大风把帽子吹落。

意大利和英国的草帽生意大部分都迁往了东方。日本土壤中的火山灰成分可以生长出优质的麦秸，再加上低廉的劳动力成本和灵巧的东方工艺，当时在东方以日本为代表创造出很多新的编织手法。

19世纪的最后十年，巴拿马草帽作为一种时髦的夏季帽子开始流行于欧美大陆。英国人戴巴拿马草帽已经有很长一段时间了，早在1895年的热带地区和美国南部，巴拿马草帽甚至被称为"种植园主的帽子"（图6-85）。巴拿马草帽是世界上最好和最昂贵的草帽，数百美元一顶，且仅能从少数著名的帽商那里获得。巴拿马草帽的名称源于同名的航运口岸，在那里，商人向到达该处的淘金者们售卖帽子，同时成千上万的帽

图6-83　男士发型

图6-84　白色丝带镶边软呢帽

图6-85　巴拿马草帽

子被装船运往美国和欧洲。

这种高档昂贵的帽子实际上产自厄瓜多尔大平原，完全采用手工编织，已经有近三个世纪的历史了。一位经验丰富的编织者需要花费4~6个月的时间才能编制出一顶顶级品质的帽子，即便是一顶普通品质的帽子也需要一周的时间，但所得的酬劳是这顶帽子零售价格的十分之一。如今，依然掌握编制特级超细巴拿马草帽技术的人屈指可数。

编制巴拿马草帽所用的原材料是托奎拉草（Toquilla）。由于白天的气温会让草叶变得很脆，所以他们总是在晨昏之际工作。传统上，劈开的嫩草叶要放入陶器中煮沸，然后风干两天。纤长的嫩草叶束会用硫黄熏一熏，以强化出精致的象牙色效果，这个基本程序几个世纪以来一直没有改变。编制时从帽顶的"花型"开始，然后一圈一圈地编制出一个兜帽。编制这种帽子的技术据说起源于四百年前的美洲印第安人，在那片土地上的乡野村落中，那群世上最贫困的人是这种价值不菲、奇货可居的帽子的制造者。

制作一顶紧织密编的巴拿马草帽，需要很多双辛勤劳动的手，需要很多次将一缕缕托奎拉草叶丝重复拨动，这一切都轻易地让"帽中王侯"的生命周期变得如珍贵的波斯地毯般长久。18世纪，巴拿马是南美的重要贸易中心，到了19世纪中叶，每年要从厄瓜多尔出口50万顶这样的草帽。即使经年累月的积淀让草帽泛起蜂蜜色调，让草帽的光洁度稍弱于往昔青春盛年，但是随着时间的推移，巴拿马草帽依旧历久弥香。

19世纪90年代，美国士兵重新戴上了一个世纪前的三角帽。但这一次是卡其色的，帽顶皱巴巴的，帽檐只向一边翘起。它后来被称为"狂野骑手帽"（图6-86）。

图6-86　狂野骑手帽

二、1890—1900年的女子帽饰

女性的发型很简单，把头发梳到脑后扎一个顶髻，在前额的中间竖起一个卷发，或者把发髻低垂成"8字形"，在太阳穴处堆出卷发（图6-87）。晚上的发型和白天的一样，只不过在发髻上通常加一个小丝带蝴蝶结或一个小小的白鹭模型（图6-88）。

帽子通常是又高又直地戴在头上，有大有小，帽檐都是直立的。鸵鸟的羽毛、白鹭的羽毛、苍鹭的羽毛等，还有用丝带、天鹅绒和花边做成的蝴蝶结，全都向上翘起（图6-89）。

图6-87　女子发型

图6-88　以鸟类造型装饰的女帽

图6-89　以蝴蝶结、花朵装饰的女帽

115

翎羽（Feather quills）成为一种新的装饰品（图6-90），为了做女帽而宰杀鸟类的行为达到了疯狂的程度，以致公众舆论开始阻止这种行为。

当时还没有明确与运动项目固定搭配的体育运动帽，软呢帽、毡帽、羊毛绒帽和草帽都可以作为运动帽。1897年，国际女曲棍球比赛中，英国选手戴的帽子类似男性板球帽（Cricket cap）。

当时流行用绣花网纱或斑点雪纺制成面纱系在脑后，前面松松地垂下来，或是拉紧至下颌（图6-91）。

图6-90 以翎羽装饰的女帽

图6-91 各式面纱

PART 7

第七章

西方帽饰的
国际化时期

20世纪，历史进入一个新的时代，服饰的潮流呈现出国际化、多样化趋势，其特征主要表现为以欧美服饰潮流为流行先导，其中法国巴黎作为国际时装中心，具有时装发源和集散的突出作用。与此同时，以日本设计师为代表的东方设计师登上了世界时装的舞台，带有异国情调的民族特色服饰与西方传统服饰发生碰撞。西方帽饰的多样化，是指在20世纪的现代化进程中所经历的两次世界大战，在服装上纠正了古典式的阶级差和性别差，呈现出现代生活的轻装样式，以及以活跃于20世纪各个历史时期优秀设计师作品为代表的繁荣状态。在现代生活中，多样化的生活方式衍生出多种款式的帽饰，款式多样的帽饰能够塑造好的形象，能显示出价值取向和高标准的审美，更能进一步体现时装整体的国际化趋向。

第一节
1900—1910年的帽饰

1900年1月1日，20世纪的教堂钟声开始鸣响回荡，人类社会在政治、经济、技术等各个领域都发生了翻天覆地的变化。法国的首都巴黎仍是整个欧洲的时装流行中心，全世界的人们都对这里的服装和服饰配件青睐有加，总是翘首以待最时髦、最新潮的巴黎时装。20世纪的开端洋溢着乐观的气氛，人们对未来充满了信心，生活方式的巨变对新世纪的着装和时尚产生深远的影响。社会各个阶层，无论男女老幼、富贵贫贱，都有一个共同的重要的着装特征：他们随时随地戴着帽子。各式帽型丰富多样，绅士、商人、农民甚至街头小贩各得其所，唯有乞丐可以不戴帽子且不遭人睨视。女性一天要换好几次帽子，而且不戴帽子不出家门。

一、1900—1910年的男子帽饰

当时，大多数男性的脸上都剃得干干净净，发型以中分为主，偶尔会看到脸上留着小胡子的男士，上了年纪的绅士则留罕见的侧须。在正规场合，绅士们总是头戴高顶大礼帽，休闲时换成平顶硬草帽。在美国和欧洲，没有一位男性在外出或工作时不戴帽子，可以说帽子

是男性的标志，也是绅士们的尊贵骄傲之本，不戴帽子将被视为没有礼貌，不会被社会接受。同样地，不戴帽子也无法进行社交问候，因为男士们总是需要向友人脱帽致敬。

1905年，巴黎举行了丝绸帽子百年庆典，规制了在晚上或下午的招待会，以及礼拜天的教堂中头戴折叠式罗缎粗纹丝绸（Grosgrain）礼帽、身穿燕尾服的习惯（图7-1）。日常帽主要是圆顶窄边德比礼帽（Derby hat）、软呢帽或黑色翘边毛毡洪堡帽（Homburg）（图7-2）。德比帽的颜色一般是黑色的，棕色的德比帽则是衣着花哨的代名词。都市里的男子平时戴黑色的洪堡帽，在夏天会换成灰色。衣着讲究的男子会在五月换上昂贵的巴拿马草帽或硬底帆布帽。

这一时期飞行员的头盔是一顶带盖的皮革软帽，用革带固定在下颌底下（图7-3）。

图7-1　罗缎粗纹丝绸礼帽　　　图7-2　洪堡帽　　　图7-3　飞行员皮革软帽

二、1900—1910年的女子帽饰

到了20世纪，娇柔精致依旧是女性的理想形象，因而纤腰是必不可少的。但是腰太细反而会画蛇添足，因为当时人们普遍认为很瘦的女子脾气暴烈。新兴的S型造型颇具女性气质，长裙使穿着者更加美丽动人，举手投足尽显优雅迷人。淑女们在身穿燕尾服的绅士的护送下，外覆膨起式曳地长裙，内着紧身胸衣，凸显出玲珑精致的沙漏形身材。

秀丽的长发一直被视为"女性最美之处"，长发总是被高高盘起以强化修长优美的颈部曲线（图7-4）。发饰通常是小丝带蝴蝶结、薄纱

图7-4　高高盘起的长发

玫瑰结，或者在耳后的发髻上扎一个花环。晚装的发型上装饰着豪华的天堂鸟羽毛，骑马时头发梳成一个低矮的紧发髻，再配上一个大大的黑色塔夫绸蝴蝶结。弯曲的发夹长5~10厘米，漆成黑色或青铜色，用较短的细金属丝制成"隐形发夹"。

　　蓬松的马塞尔大波浪发型为"欢乐时代"的硕大帽子提供了一个完美的平台，大帽子可以平衡和衬托女性的整体轮廓（图7-5）。女帽设计师充分发挥了她们的创造力，在设计中使用真丝、天鹅绒、饰带、人造花等，不过用得最多的还是羽毛——大量的羽毛！帽子上的羽毛装饰新潮时髦，令人爱不释手。

图7-5 "欢乐时代"的硕大帽子

　　追溯历史，帽子上的羽毛装饰物往往被视为财富和地位的象征。20世纪初期，巴黎有八百家左右的羽毛商或羽毛加工厂，雇用了大约七千名工人。羽毛的种类、色彩、纹理繁多，羽毛加工者都是一些颇具创造力的手工艺人，他们对各式各样的羽毛进行预处理、染色、分理。羽毛制品大多数面向女帽设计师，此外也用于制扇和家庭装饰。加工出的羽毛制品，小至穗状装饰物，大至艳丽的羽毛披肩，以及被称为"Aigrettes"的羽毛装饰物。用美丽的极乐鸟羽毛装饰的帽子，含有翠绿色、肉桂色和乳白色的天然本色，一顶这样的帽饰要卖到100美元，这在1905年可是一笔不小的数目。羽毛从美洲和南非大量进口的同时，也从英国各处获得。如今，女性依然钟情于佩戴羽饰帽子，女帽设计师们也还是喜欢设计有羽饰的奢华女帽。

在当时，有的帽子上甚至栖息着制成标本的小鸟，仿佛它们刚刚从蓝天俯冲下来。无论帽子上的羽饰代表的是奢侈豪华还是精巧细致，作为服饰配件，它都完美地诠释了当时人们所津津乐道的精致娇弱而又高贵傲慢的女性形象。

由于羽毛的过度使用，世界各地的珍禽因此遭到了灭顶之灾，几近绝种。直到鸟类保护者的强烈抗议被大众真正关注，这种情况才有所缓解。1910年前后，如果不用羽毛装饰帽子，就会用真丝织物、网眼织物和纱织物做出压褶或者活褶覆盖在帽子上（图7-6），常见的材料包括天鹅绒、塔夫绸和罗缎，另外还有用这些材料做成的不同宽度和种类的饰带，以供选择。当时，女性的发型是精心完成的，将由织物、羽毛和饰带构成的雕塑般的帽子戴在高耸的发型上时，必须格外小心以保持平衡。这些帽子用细长的帽针固定在头发上，在1910年，帽针曾有过约30厘米长的记录。帽针的设计美观，做工精良，为珠宝商提供了一个在更大范围内发挥创造才能的机会，他们使用大量的金属、珍珠和次等宝石生产出精美的帽针。

由于发型的夸张，女性的帽子越来越大，到1907年已经达到了令人难以置信的程度，许多长帽针镶有宝石，牢牢地固定着帽子。18世纪的盖恩斯伯勒或马尔伯勒风格的大天鹅绒帽子，又重新流行起来。为了保护鸟类，人工的艺术品，如染色制成的翅膀或帽徽，逐渐代替了天然鸟类羽毛或标本。

大约在1907年，大帽檐逐渐缩小，适合各种场合或用途的女帽被确定下来，如运动时戴软呢帽和类似男式的巴拿马帽（图7-7）；驾驶游艇时戴有皮革帽檐的亚麻帽子；骑马时戴丝绸大礼帽或德比帽；夏天戴稻草水手帽。

时移世易，随着一项前所未有的狂热——驾驶汽车的兴起，女帽设计师们必须设计出令女性不用脱帽就能够钻进车里的帽子，而且要让女性能够戴着帽子在崎岖的道路和泥土地上风驰电掣般地驾车前进。于是汽车用面纱帽应运而生，它的外观像养蜂人的面网，用一块1.8~2.8米长的雪纺面纱包住头和帽子，紧紧地系在下颌下面或松松地挂在帽子上，把整个头部覆盖在薄纱

图7-6　覆盖压褶织物的大帽子

或真丝薄绸之下（图7-8）。面纱的材质有蕾丝和彩色雪纺，也有带雪尼尔或圆点天鹅绒的绳编渔网状面纱。

图7-7　女式运动巴拿马帽　　　　　　　图7-8　面纱女帽

第二节
1910—1920年的帽饰

在第一次世界大战前的几年中，一些女性依然保持着精致的S造型裙装以及坚硬的紧身胸衣。当时，在新一代时尚先锋可可·香奈儿（Coco Chanel）和保罗·波烈（Paul Poiret）的引领下，简约主义风尚开始席卷欧洲，人们受此影响开始追求简约大方的形象。很多人受到法国设计师保罗·波烈设计风格的影响，选择了较为宽松的服装。战后，受战争的影响，男女服装向富有运动感和功能性方向发展。

一、1910—1920年的男子帽饰

"一战"前男帽演变出了好几种不同的造型，有与以前黑色高顶大礼帽相比帽冠相对较低的灰色大礼帽，有适合年轻男士佩戴的圆顶硬礼帽，有适用于农民佩戴的平顶硬礼帽，有满足夏季工作要求的平顶硬草帽，还有人们在运动和打猎时喜欢戴上的猎鹿帽。

法国阿尔卑斯部队戴的是非常漂亮而古老的巴斯克贝雷帽（Basque beret）（图7-9）。巴斯克人大部分都是水手，很多人都是渔夫，他们生活在法国和西班牙的一侧，这也许可以解释为什么同样的帽子也会出现在苏格兰。苏格兰帽和贝雷帽其实是同一种帽子，都是用一种材料编织而成的，没有接缝或捆绑。巴斯克贝雷帽要么是蓝色的，要么是红色的，但苏格兰帽子都是蓝色的，也被称为"蓝色帽子"。

图7-9 巴斯克贝雷帽

士兵的营房帽（Barracks cap），是一种带帽舌的圆帽。第一次世界大战时，一种新的草帽出现在比利时军队士兵的头上，被称为"海外帽"（Overseas cap）。早在美国内战期间，宾夕法尼亚的一个义勇军团戴的就是这种帽子，帽子前面还有一根流苏（图7-10），后来法国人、英国人和美国人也采用了这款舒适的帽子。它的构造像一个头盔，上翻的帽围在恶劣的天气下可以放下来护住面颊（图7-11）。

"一战"初期，美国士兵戴着类似澳大利亚人和新西兰人戴的宽边毡帽，帽檐上围着一条皱皱的带子（图7-12）。这款帽子直到现在依然很普及。

现代化的机械战争中，各国军队里出现了各式金属头盔，有"锡帽"，也有钢盔，造型像足球运动员所戴的头盔，戴在皮革衬里上（图7-13）。与此同时，现代战争在防毒面具中创造了一种全新的、看起来很奇怪的帽式头盔。

图7-10 宾夕法尼亚义勇军团帽

图7-11 "一战"军帽

图7-12　有皱带的宽边毡帽　　　　　　　图7-13　金属头盔

二、1910—1920年的女子帽饰

在女性的世界里，蓬松的大廓型发式彻底消失，头发简单地紧贴头皮，小脑袋模式发型开始出现（图7-14），为波波头铺平了道路。保罗·波烈是20世纪前25年的一位伟大的时装设计师，他的人体模特和年轻舞者都留着短发，甚至出现一种制作精巧而轻盈的帽子状假发。勇敢而走在时尚前沿的女性随即也剪短了头发，开创了20世纪20年代短发的真正流行。

头发上奇形怪状的装饰品通常用仿琥珀或贝壳做成，窄窄的缎带或者镶有莱茵石的带子重新出现了。保罗·波烈喜欢在女子的头上系一条宽大的色彩鲜艳的丝绸，来搭配美丽的长袍。或许正是因为这样，此后的几十年里，在头饰和服装方面开始流行俄罗斯或东方风格（图7-15）。

1919年，"一战"结束后，巴黎剧院解除了对晚礼服的禁令，晚礼服以奢华的方式重新出现，包括用金银织做的头巾（图7-16）以及镶嵌珍珠、钻石、黑玉的头饰和有珍珠流苏的发带（图7-17）。帽子有大有小，帽檐很宽，戴时通常低压在眼睛上。帽子的款式都是以前出现过的，有头巾、无檐帽、贝雷帽、三角帽、大礼帽、车夫帽、水手帽等（图7-18）。

一顶新的、与众不同的漂亮"丝绸帽子"在1919年

图7-14　小脑袋模式短发

图7-15　东方头巾帽

左右开始流行，这是一项由黑丝绒制成的水手帽，上面缠着缎带，帽子被紧箍在头上，也是20世纪20年代流行的钟形帽（Cloche）的前身。由于短发的流行，即将消失的面纱被搭在帽子上或紧紧地系在后面，是用花边、朴素的斑点网制成的，通常有宽大的雪纺镶边（图7-19）。

图7-16　金银织做的头巾

图7-17　镶满装饰品的发带

图7-18　20世纪20年代女子三角帽

图7-19　丝绸帽子

第三节
1920—1930年的帽饰

一、1920—1930年的男子帽饰

在这10年里，男帽与上一时期基本相同。绅士们仍戴着被称为"折边软毡帽"（Handkerchief felt）的运动帽，用于打高尔夫或在乡村和海滨休闲度假，它最大的优点是可以卷起来装在手提箱里（图7-20）。深蓝色的巴斯克毛料贝雷帽同样也是非常受欢迎的运动帽，特别是在骑车或开敞篷车时（图7-21）。

在美国，西部牧场的生活吸引东部人去度假。度假期间需要搭配一顶与周边风景相配的大毡帽，即十加仑帽（Ten-gallon hat）或宽边帽，样式类似墨西哥的草帽（图7-22）。

图7-20　折边软毡帽　　　　图7-21　巴斯克毛料贝雷帽

二、1920—1930年的女子帽饰

女子的发型中，"男孩波波头"（Boyish bob）短发型最时髦。这种短发非常适合搭配香奈儿套装，以及当时代表20世纪20年代的"留短发、穿短裙的杰尔逊奴样式"。这种发型的头发非常短，在后颈修剪成V形

图7-22　十加仑帽

（图7-23）。还有一些女性为了让短发型更有品位，她们会巧妙改变短发的分割，长度刚好盖住耳朵，偏分的头发直绕着头顶部，这种发型肯定是时髦的女性才采用的。1923年，流行曾一度尝试恢复长发，但无果而终，反而更牢固地确立了短发的地位。

　　虽然在欧洲传统里草帽是农民戴的，绅士要戴昂贵的毛毡帽，但在第一次世界大战后，帽子失去了其奢侈昂贵的装饰标签。夏天的帽子通常是大檐边，由各种各样的细稻草、亚麻或印花棉布制成农民风格，再在上面用毛线或珠子绣上色彩鲜艳的花朵图案（图7-24）。

图7-23　男孩波波头　　　　　图7-24　装饰色彩与花朵图案的大檐帽

　　1923年，女帽界发生了一场革命，几乎没有任何装饰的蘑菇形小毛毡钟形帽出现了，并风靡一时。"时髦从眉毛开始"就是形容这种流行现象的，女士们开始争相佩戴钟形帽。钟形帽是一种类似于钟的形状的帽子，通常是黑色、棕色或米色的，去掉了古老的丝绸衬里，取而代之的是一条缎带，毛毡经过简单裁剪、缝纫、定型形成吊钟形，小巧贴体，帽冠上有一条粗粗的缎带或一枚漂亮的珠针。钟形帽是由法国设计师卡罗琳·瑞邦发明的，"一战"后跟着波波头式发型一起流行起来，1920—1933年风靡于美国，是20世纪20年代的形象代表元素，以至于在后来拍摄的讲述20世纪20年代故事的电影《了不起的盖茨比》《换子疑云》中，女性的装扮都是清一色的钟形帽。钟形帽以其复古和优雅的款式让女性内敛含蓄的魅力展现得淋漓尽致，无论是在冬天还是在夏天都可以戴，并适合于各种服装搭配。戴钟形帽的女性优雅俏皮，独具特色（图7-25），直到1927年，钟形帽在形状相对统一的前提下，开始在设计和颜色上表现个性。

　　骑马帽是黑色丝绸礼帽，帽冠上有带子系在脑后的发髻下面，以保证帽子的稳固（图7-26）。

20世纪20年代末，有钱的上层社会的人们喜欢到海滩上休闲度假，将皮肤晒成棕褐色，女性用的棕色粉饼风靡一时，如果一个人的皮肤不能呈现出一种时髦的古铜色，那么就在皮肤上涂上自己想要的颜色。

图7-25　钟形帽　　　　　　　　　　　　　　　　　　　　　　图7-26　骑马帽

第四节
1930—1940年的帽饰

在美国，休闲的软毡帽被普遍应用于非正式场合，而英国人则坚持戴黑色或灰色的圆顶礼帽。20世纪30年代后期，轻便、软边、松散编制的种植园主稻草帽一度流行，这种帽子是由牙买加甘蔗种植园主用多种棕榈草编制而成的种植园帽。帽子颜色从浅棕色到深棕色都有，是西班牙风格的蒙特哥帽（Montego hat）样式，宽边平顶，用稻草或皮革细绳系在下颌，帽冠四周缠绕着纯棉或丝绸制成的条纹布。

20世纪30年代的女性发型是齐肩卷发或直发，维多利亚时期卷曲的刘海或蓬帕杜式蓬松的发髻、发网又回来了。1937年，年轻女性喜欢中世纪的波波头，直直的、飘逸的齐肩长发，发梢有艺术感地往里卷。许多年轻妇女戴的不是帽子，而是一个蝴蝶结，用丝绒缎带系在发卡上（图7-27）。

1931年，深帽冠的钟形帽消失了，取而代之的是一顶非常浅的头饰风格小帽。这种小帽搭在头顶或头部的一侧，虽然流行时间很短，但它是"以帽为饰"的开端（图7-28）。

图7-27　20世纪30年代女子短发　　　　　　图7-28　头饰风格小帽

图7-29　夏帕瑞丽娃娃帽

20世纪30年代初，夏帕瑞丽（Schiaparelli）发明了一种"娃娃帽"，这是一种由花朵组成的小头饰，固定在丝质或天鹅绒发带上，或者用一根黑色的丝质松紧带绑在脑后或下颌（图7-29）。1935年，夏帕瑞丽时装店推出附在发网上的皮草小圆帽，造型像缩小的贝雷帽和小水手帽（图7-30）。这种帽饰很快风靡全球，无论是长发还是短发的女性，无论白天还是晚上，头上都顶着一顶小得可爱的帽子。1936年，夏帕瑞丽推出小型黑色圆顶礼帽，随即被许多年轻女性视为街头套装。这种小帽子不用松紧带，用小别针、隐形的帽夹或缝在帽顶内的发卡把帽子固定在头发上（图7-31）。

"二战"时期，生活上物质贫乏，这个时代的女性依旧被所处的年代以及物质短缺所束缚，即使是贵族，也多选择端庄的盘发。渐渐地，帽子开始回归朴素，斗笠状的帽子就像遮住战争的保护伞一样，顶在发髻上并流行开来。

另一种年轻女子的休闲头饰是以农民的方式系在下颌底下的斜折的鲜艳头巾，特别适合在敞篷车里佩戴（图7-32）。缠头巾是一种经

图7-30　皮草小圆帽

典，缠头巾的布料根据场合而有不同（图7-33）。到1937年，它不再是一件缝制的东西，而是一块事先准备好的布料，佩戴者把它绑在头上。

图7-31　小型圆顶礼帽

图7-32　斜折的鲜艳头巾

图7-33　缠头巾

第五节
1940—1950年的帽饰

在第二次世界大战残酷而悲惨的岁月里，许多设计师纷纷逃亡美国避难，美国在战争中创刊发行了英文版 *VOGUE* 杂志，流行在这里继续。战争期间决定性地完成了女

图7-34 "二战"期间的贝雷帽

装的现代化转变，一种非常实用的、中性的现代化装束风靡全球，即军服式（Military Look）。与这种机能性极强的服装相搭配，发型与帽饰开始回归朴素，力求整齐与干练。

在男性的服饰中，出现了多款与军事模式相关的创新帽饰，有丛林中、天空中、沙漠中佩戴的各式像婴儿帽子一样的软垫头盔，也有指挥官或部队佩戴的贝雷帽。贝雷帽的颜色有红色、绿色、深蓝色、黑色，或向前、或向后、或向两边倾斜着戴在头上（图7-34）。短发因其在战争期间的极具实用性而依然流行于女性世界，发型顺滑有光泽，无论是从颈背向上梳，还是呈发髻或波波头，发型都轮廓清晰。一种新的不规则的头发修剪方式，可以在头上产生松散的卷发（图7-35）。战争减少了高碳钢发夹的制造，也是保持短发的一个因素，因为低碳钢发夹没有足够的弹性来固定长发。化学冷烫的发明，使烫发时因为没有热量而不需要厚厚的护垫，可以直接卷到头发根部，这样造型出来的发型更加蓬松。

轻巧的半帽型贝雷帽成为时尚，各种款型变化的贝雷帽流行于女性世界，上面装饰着花朵、丝带、亮片、鹅绒蝴蝶结和人造花等（图7-36）。

卡波特（Capote）是年轻女子喜欢的系在下颌下面的头巾（图7-37）。

"二战"快要结束时，重现了20世纪30年代的所有风格，奢华风呼之欲出。"二战"之后，

图7-35 战争期间的卷发

图7-36　半帽型贝雷帽　　　　　　　　　　　　　　图7-37　卡波特

人们厌倦了战争，厌倦了制服与强壮如拳击手的女性士兵形象，转而期待女性的优雅柔美形象。1947年，克里斯汀·迪奥（Christian Dior）发布的新风貌（New look）给大家带来了惊喜，大檐礼帽及华美蓬松的裙摆让每一位饱受战火的女性回忆起和平年代的美好。斜戴的大檐礼帽成为女性新时尚（图7-38）。

图7-38　"二战"后期重现的奢华风帽饰

第二次世界大战后到1950年，男性模式下的无帽如同女性头饰一样，成为许多与帽子生产相关的人面临的一个至关重要的问题。考虑到这一点，流行的软呢帽被赋予更窄的帽檐和更低的锥形帽顶。令人惊讶的是，这个趋势在20世纪50年代之后一直为年轻人所青睐，并且不断创新出更多符合现代生活的简洁新帽型。

第六节
20世纪50年代以后的帽饰

20世纪50年代，巴黎高级时装业迎来了20世纪以来继20年代之后的第二次鼎盛期，帽子的时尚主题几乎是取之不尽、用之不竭的，各种材质、风格、形状和大小的帽子，可以出现在任何季节，设计师们广泛的创意常常会给时尚圈带来震撼。随着流行速度的加快，曾经出现过或流行过的每款帽饰都被描绘出来，有发带、发髻、贝雷帽、兜帽、头巾、水手帽、丝绸礼帽、洪堡帽、德比帽、软呢帽、巴拿马草帽、十加仑帽、运动帽等，帽子上依旧装饰着各种漂亮的传统装饰，如彩带、面纱、鲜花、皮草、人造羽毛等（图7-39）。

图7-39　20世纪50年代之后重现的各式男帽

从20世纪60年代开始，流行进入多样化时期，现代主义、后现代主义风格交替演绎直至21世纪。20世纪80年代，在英国首先涌现出如斯蒂芬·琼斯（Stephen Jones）、菲利普·崔西（Philip Treacy）等一批出类拔萃的帽子设计师，他们设计的精彩绝伦的女帽，在

T台上、下随心所欲地诠释着时尚的内涵。他们认为帽子是"固态构造物体","头部都需要被加以装饰,帽饰最终会改变头部轮廓造型,它们反映地位和性别,是一剂令人振奋的补品"。他们设计的帽子或夸张并极具舞台感,或借助高级定制品牌的秀场诠释自己设计的作品,表达其设计内容和设计情感。

总之,整个20世纪末期到21世纪,现代时装帽饰的造型变化可以说是翻天覆地的,多数帽饰设计师致力于对传统服装的设计和工艺方面进行研究与创新,并习惯性地与时装设计师合作,将帽饰文化与服饰文化贯通一体。在帽饰发展流行的每一个时期,都具有非常鲜明的当代特征,厚重而丰富的西方帽饰文化滋养着帽饰设计师,作为"社会的镜子""时代的晴雨表"的帽饰作品,敏感地映射出经济发展与艺术特色(图7-40)。

图7-40

图7-40　20世纪后半期各种风格的帽饰

PART 8

第八章

西方经典帽饰
分类设计

第一节
草编帽

　　草编帽一般是指用水草、席草、麦秸、竹篾或棕绳等物编织而成的帽子，帽檐比较宽，可用来遮雨、遮阳，休息时将衣物放于帽中，以防沾上尘土。草帽在世界历史发展中占据重要地位，因其取材容易、成本低，且草质在不同的气候及地质状况下呈现出不同的风格与样貌，所以自古以来，各国各地区都有其独特的草帽编织技艺，反映了不同的社会生活和风土人情，折射出不同历史时期的性格特征。在英格兰，编织稻草的技艺可以追溯到1552年，当时贵族们戴着自己家族制作的草帽，激励了草帽制造业的发展，随即稻草编织在英国成为一项重要的手工艺，对于收入微薄的家庭，妇女和儿童可以在家里依靠草编赚取费用以补贴家用。到了18世纪中后期，草帽比以往任何时候都要流行，欧洲最珍贵的稻草生长在意大利托斯卡纳，于是大量的稻草从意大利出口，用来制作著名的托斯卡纳辫或来亨草帽。编织一顶高品质的来亨草帽在当时可能需要6~9个月的时间，且仅限于上流社会的人士佩戴。

　　在之后的两百多年里，草编帽始终在西方帽饰流行中占据一席之地，无论是度假时用来遮阳的平顶草帽，还是棒耐特式（Bonnet）时装帽，都可以看到草编工艺的身影。19世纪中叶，美国对进口的来亨草帽要征收关税，随即源自厄瓜多尔的巴拿马草帽成为上流社会男士的必备。

　　现今社会，制作草帽的材质更加多样化，多用打辫机代替了手工编结（图8-1）。

图8-1　辫条

一、草帽的材质

草帽的材质可以是草，但并不一定是草，也可以是外观像草的纸类或面料类，因此草帽按材质分，可分为纸类、天然草类、面料类。

1.纸类

用纸、金银丝等材质做成纸布（图8-2），然后成卷加捻变成纸绳（图8-3）。可以制作成纸布的材料有单结草纸布、复古环保纸布、金光纸布、金丝纸布、银丝纸布、金线纸布、水洗纸布、条纹纸布和涂层纸布等。因为纸布可以批量生产，所以制成的帽子价格也不是很贵。编制帽子的纸辫是由不同质量的纸通过打辫机制成辫条，纸辫条里面还可以加塑料丝、棉线、金丝、纱线等（图8-4）。

图8-2　纸布

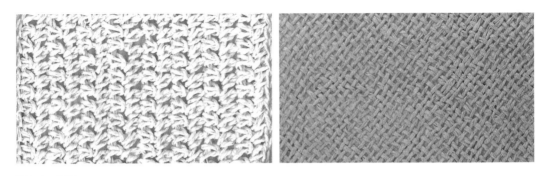

图8-3 纸绳

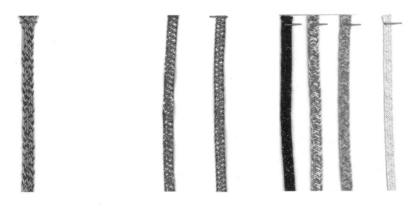

图8-4 加塑料丝、棉线、金丝、纱线等的纸辫条

手编纸分为三分纸、五分纸、八分纸，所谓"几分"指的是辫条宽度（图8-5）。

纸辫编制成帽子后，放在帽模机上热压定型。用纸辫编制帽子的工艺有手编、钩针和机织。在纸辫中所用的纸当中，最常见的是拉拉草，拉拉草是纸质的，不是草（图8-6）。

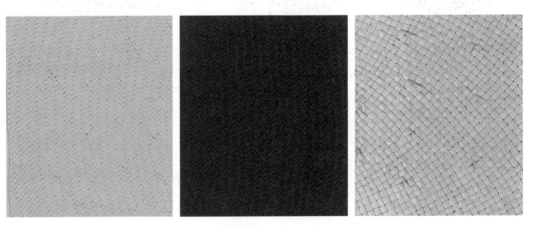

三分纸（100%纸）　　　　　　　五分纸（100%纸）　　　　　　　八分纸（100%纸）

图8-5 不同宽度的手编纸辫条

图8-7所示为日本纸手编帽，采用日本产14～16克纸做的圆丝，手工编织而成，条感整齐、清晰，手感润泽，更像巴拿马草帽。本白色尤其显得高档。

2. 天然草类

天然草类的材质有麦秆、麻类、咸草、狼牙草、空心草、拉菲草、席草、蒲草、巴拿马草、金丝草、棕丝草等。麦秆是小麦作物收获后植株剩余部分的统称，麦秆加工后可制成不同宽度的细辫条（图8-8），细辫条越薄越高档，越细价格越贵。

图8-9所示为一顶用麦秆编织的麦辫平顶平边礼帽。除了麦秆外，其他的天然草类还有拉菲草。拉菲草的原料由马达加斯加进口，可染色，有手编、手钩、手编辫条、机织辫条

图8-6　拉拉草

等。拉菲草的草心被称作宝草，是世界上最昂贵、最稀有的草编制品原料之一。拉菲草手钩盆帽，价格较贵，根据粗细、帽型不同，4～5行/厘米为最细，越细价格越高。图8-10和图8-11所示为用拉菲草编织的拉菲草辫条和拉菲草手编帽。

金丝草帽洁白细软，手感极好，加上编制精细，使草帽显得光亮秀丽、雍容华贵（图8-12）。

图8-7　日本纸手编帽

图8-8　麦秆（天然草）

图8-9　麦辫平顶平边礼帽

图8-10 拉菲草辫条

图8-11 拉菲草手编帽

图8-12 金丝草帽

3.面料类

面料类是指用人造纤维类、PP或其他纱线类制成辫条后编制的帽子。例如，麻类的菲律宾麻，属于蕉麻，可以染色（图8-13）。

图8-13 蕉麻帽子

二、遮阴蔽日之精品——巴拿马草帽

草帽中的精品可以说是非巴拿马草帽莫属，它被称为"帽中王侯"。如果非要用一个词形容巴拿马草帽，那就是神奇。因为看似平淡无奇的巴拿马草帽最贵时可以卖到10万美元，而且更令人惊讶的是，这种顶级的帽子并不属于任何知名国际时尚品牌，而是由大师级编织家选用高级的托奎拉草（Toquila）在自己家里手工制作，再经过资深工匠长达数周的加工程序，才成就了最昂贵的巴拿马草帽（图8-14）。

巴拿马草帽的神奇远不止这些。据说巴拿马草帽的历史可追溯到公元前4000年，有考古学家认为，位于太平洋上的波利尼亚人当时的亚麻编织技术炉火纯青，巴拿马草帽的编织技术就是厄瓜多尔人在与波利尼亚人的接触中学

图8-14 巴拿马草帽1

来的。16世纪早期，最早来到这里的西班牙人第一次注意到有些土著居民头上戴着奇怪的帽饰，它们鲜亮而剔透，并且异常柔软，这一发现为巴拿马草帽的传奇故事再添上了一抹神秘色彩。

编织巴拿马草帽的原材料是托奎拉草。这种草主要分布在厄瓜多尔、秘鲁和哥伦比亚的几个非常小的区域，它的叶子含有细长的纤维，重量轻、韧性强而且易弯折，是编织草帽的绝佳材料。这种植物的扇形顶是依据月相的盈亏进行收割的，据说月相会影响材料的柔韧性。为防止稻草变脆、变弱，精心挑选的托奎拉草茎要在非常潮湿的环境中手工劈开成细薄窄条，以至于有了巴拿马草帽是在水下编织的谣传。19世纪早期，厄瓜多尔只是美洲的一个偏远山区，交通极不便利。为了寻求更多的客源，聪明的商人把目光投向了百余里外的巴拿马。巴拿马当时是美洲地区最初的贸易中心，于是厄瓜多尔的草帽源源不断地运往巴拿

马，在那里广泛售卖，尤其在巴拿马运河附近最为多见，所以称为巴拿马草帽。

19世纪初，巴拿马草帽因其轻便、柔韧且结实的特性，成为种植园主和种植工人的追捧对象，因此又称为种植园主帽。随着国际需求的变化，草帽的生产在厄瓜多尔占据了越来越重要的地位。帽子编织行业的兴起使越来越多的厄瓜多尔人加入其中，普通农民、中等小康甚至上流阶层的妇女都会从事编织工作，他们或将草帽运到集市上出售，或卖给中间商补贴家用。如今，依然掌握制作特级超细巴拿马草帽技术的人屈指可数。

出口商在厄瓜多尔收购初加工的草帽后，先送到锁边工处进行收紧和边缘固定，再进行包括清洗、熨烫、顶部定型、用硫黄漂白帽子、敲击帽子等工序的二次加工，最后变为成品。在出口公司最终包装之前，每一顶帽子会根据其品质、纯度和尺寸进行分类。到达海外目的地后，草帽还要做进一步加工，包括再次漂白清洗，按照时尚流行进行定型，再搭配装饰品和带子（图8-15）。

图8-15　漂白后柔软细腻的巴拿马草帽

巴拿马草帽最大的特点是具有柔软细腻的质感，摸起来像丝绸，可以对半折叠、卷起并装入一只小到比铅笔盒大不了多少的木盒内，用手一捻弹，卷起的帽子就弹回正常的形状，没有褶皱痕迹。草帽的售价与其精细度密不可分，人们对草帽等级的划分，主要是根据编织的密度以及圆圈的密度，编织密度越大、缝隙越少、圈数越多，质地就越像紧密编织的亚麻布，就代表这顶巴拿马草帽越高级。这种令行家里手珍爱的帽子编织紧密、弹性十足、精妙绝伦，象牙色巴拿马草帽是帽中顶级珍品。

1900年，巴拿马运河工程的启动促成了一波新的宣传。时任美国总统的西奥多·罗斯福（Theodore Roosevelt）于1906年视察该建设项目时，头上戴了一顶巴拿马草帽，这让巴拿马运河与巴拿马草帽同时成为头版新闻。1900年的世博会上便展出了一顶极品巴拿马草帽。到了20世纪30—40年代，好莱坞很多经典的影片中，都可以见到巴拿马草帽的身影，制造出穿越年代的优雅和帅气。这种异国风情的帽子给观众留下了完美的印象，巴拿马草帽随即成为当时上流社会男士的必备品（图8-16）。

编织巴拿马草帽是一项艰苦复杂的工作。在编织前，首先要分割托奎拉草草茎，用绣花针把草茎里面黄绿色的叶片分割成几条更窄的叶片。接着把分割好的托奎拉草从上往下螺旋式地放入沸水锅中，煮20分钟左右捞出挂在一边沥干，煮过的草要在太阳下晒两三天。直到完全干燥后，放到烘箱里用硫黄熏制，让草茎的颜色统一变成类似象牙白那种非常自然纯净的颜色。取出后根据制帽的需要，还要继续细分二分之一、四分之一，直到最后草茎变得跟头发丝一样细。这种细分完全依靠手工操作，不依赖任何仪器。草帽编织时从帽顶的"花型"开始，然后一圈一圈地编织出一个兜帽。代代相传的手工艺人的精制方法是用每只手的三根手指编织，用长长的削尖的指甲来分理条缕。这个基本程序数世纪以来一直没有改变（图8-17）。

图8-16　巴拿马草帽2

　　巴拿马草帽的精细度（每平方英寸水平和垂直方向的编织排数）是如何定价的第一指标，顶级款式编织密度大约每平方英寸（约6.5平方厘米）3000根草茎，这对人的视力和耐心都是极大的挑战。除此之外，编织质量以及整体色泽的统一性，也对它的价格有影响。巴拿马草帽价格大致从几十美元，到中等级别的几百美元，到高级的几千美元，到博物馆级别的几万美元不等。据说最贵的巴

图8-17　代代相传的制作手工艺1

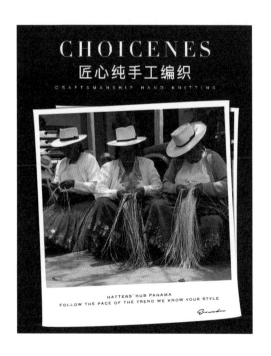

拿马草帽卖到了10万美元。一位经验丰富的编织者需要花费4～6个月的时间才能制作出一顶这样的昂贵帽子，即便是一顶普通质量的帽子也需要一周的时间，而所得的酬劳大约是这顶帽子零售价格的十分之一（图8-18）。

目前，全球95%的巴拿马草帽都产自厄瓜多尔，巴拿马草帽也被称为世界上最好的草帽。经过几个世纪岁月的洗礼和沉淀，巴拿马草帽依旧展现出惯有的平静祥和，给人带来柔软、完美的极致体验（图8-19）。

图8-18　代代相传的制作手工艺2　　　图8-19　多种颜色变化的巴拿马草帽

第二节
毛毡帽

所谓毛毡，是被古埃及人、美索不达米亚人、古希腊人和古罗马人所掌握的亚洲游牧部落的手工艺术，在中世纪的欧洲曾一度消失。毛毡在潮湿的时候会使毛纤维粘在一起。正如织布技术先于纺纱技术一样，毛毡技术先于织布技术。用毛毡制成的帽子即为毛毡帽。毛毡帽在欧洲历史悠久，早在公元前，美索不达米亚平原的波斯士兵就用毛毡制作与现代帽子非常相似的瓜形贝雷帽或水手帽（Sailor hat），再或用毛毡制成的镶有宝石的头巾，既保暖又便于骑射，可以说是我们今天帽子的代表。

现在毛毡的原材料可细分为羊毛、兔毛、羊兔混纺、超细羊毛、涤毡等。制作毡帽，先要制作毡帽坯。毡帽坯的制作流程为：先把羊毛碳化、烘干并梳毛整理，接下来用机器压胎、卷洗、染色，然后再二次卷洗、抻顶、开边、打磨，最后成型。

本节介绍两款典型的毡帽——礼帽和贝雷帽。

一、礼帽

礼帽的历史大致可追溯到17世纪中期。而在我国第一次出现的大礼帽据说是在1775年，当时的帽子制造商为在我国的法国贵族们定制了一种高高大大的帽子以显示他们的威信。这种宽边、平顶、高筒的男式帽子，当时高度可达14~19厘米。

硬挺黑亮的高冠礼帽（Top hat）可以说是维多利亚时期的英国及其价值取向的缩影。作为财富、尊严和社会地位象征的礼帽，帽冠高耸，精致华美，使男性看上去更为高大挺拔、英俊潇洒，从而使人印象深刻。当时英国绅士的标准打扮是手拿文明棒，头戴大礼帽，身着笔挺的西装，足蹬光亮的皮鞋。戴大礼帽最具有代表性的人物是美国前总统林肯。另外，大礼帽也经常出现在魔术表演现场。

1850年，英国人詹姆斯·乔治在伦敦为托马斯·鲍勒尔设计开发了以硬毛毡制成的黑色圆顶硬礼帽（Bowler hat），并由托马斯·鲍勒尔制帽厂生产，因此这款利用硬式材质来保护头部的新型礼帽就被称为鲍勒尔帽。鲍勒尔帽（后来又被称为Derby或Bob hat）也因为造型稳定而被男士们用于正式社交场合，从而风靡全国。这种帽子随即由英国传入德国、美国，并结合各国文化发生了些许变化。圆顶硬礼帽最著名的荧幕形象是无声电影中的查理·卓别林（Charlie Chaplin），这些象征着当年新工业文明礼仪的帽子，在当时的欧美国家几乎人手一顶（图8-20）。

20世纪30年代出现了小礼帽，由柔软的毛毡制成。小礼帽的帽冠较低，帽冠顶部有凹陷，帽冠

图8-20　查理·卓别林

底部装饰着一圈工整的缎带。这款帽子最初是德国男用帽，它不同于大礼帽的坚挺硬朗，也不像圆顶硬礼帽那么圆润坚实，而是有着独特的柔和、浪漫的气质，是一种个人情感的表露。小礼帽顶部及前两侧微微内陷，从此绅士们不用拿着帽边来脱帽了，而是可以用大拇指、食指、中指夹着帽檐上端，轻轻拿起，向对方致意。它佩戴舒适，可以保护头部免受日晒雨淋，颜色为柔和的灰色或棕色，与战后平民化的男装外观十分相配。

20世纪60年代出现了爵士帽，有很多爵士以及灵魂歌手都喜欢佩戴，它的特点是帽檐比较窄。因为爵士帽具有休闲感，所以是很多非正式场合佩戴的礼帽。这种款式的礼帽，在材料制作上不再是单一的毛毡料，材质上丰富多彩，如用金丝草、竹条等编织而成的草礼帽也是现在最常见的礼帽样式。

20世纪80年代出现了浅顶软呢帽，从外形上看与20世纪30年代的小礼帽类似，区别在于帽檐，小礼帽的帽檐上卷，而浅顶软呢帽的帽檐下翻，比爵士帽的帽檐要宽。

总之，20世纪流行速度加快，流行呈现多元化，以20年为时间划分，通过一些简图，对比礼帽在20世纪的款型样式。

图8-21所示为20世纪初的几款礼帽，帽顶或圆或平，帽冠或深或浅。

20世纪20—30年代曾经是礼帽的流行焦点，帽顶有不同的凹陷和凸起（图8-22）。

帽上的腰条在20世纪40—50年代呈现多种层次，其材质也从之前的高级缎带演变为棉质纯色或棉质印花（图8-23）。这可能是因为战后民族风格的流行。

20世纪60—70年代，随着年轻风暴的兴起，礼帽的设计随即带有街头元素，如帽冠上会多出金属装饰（图8-24）。

20世纪80—90年代，民族及复古元素又一次出现在礼帽的设计中，如十加仑帽或牛仔帽，强调整体的混搭风格（图8-25）。

21世纪的礼帽较之前的款式，更注重帽型的设计感，款式及材质同样多样化，颜色和

1900年　　　　　　　　　　　　　　　　　　　　　　　　　　1919年

图8-21　20世纪初的礼帽

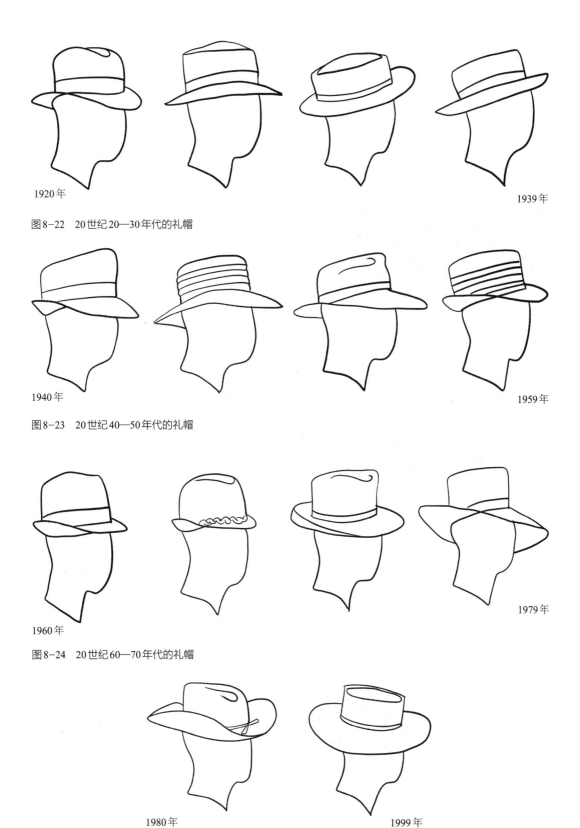

1920年　　　　　　　　　　　　　　　　　　　　　　　1939年

图8-22　20世纪20—30年代的礼帽

1940年　　　　　　　　　　　　　　　　　　　　　　　1959年

图8-23　20世纪40—50年代的礼帽

1960年　　　　　　　　　　　　　　　　　　　　　　　1979年

图8-24　20世纪60—70年代的礼帽

1980年　　　　　　　　　　1999年

图8-25　20世纪80—90年代的礼帽

装饰上比较简洁、大胆、随意，没有多余累赘的修饰。

　　高端的礼帽一般是根据顾客头围纯手工制作，讲求工艺的传统与精湛。高端礼帽的另一个定制设计感还体现在礼帽的腰条和里料上，腰条材质精美，整洁工整（图8-26）；里料上加绣手工纹样，还可以把签名绣在帽子的里料边缘上。

　　图8-27所示为不同的礼帽里料设计。

图8-26　具有设计感的腰条

图8-27　礼帽里料设计

二、贝雷帽

贝雷帽的历史可以上溯到圣经时代，传说诺亚在用方舟拯救了动物之后便做出了第一顶贝雷帽，这一传说也是源于位于法国和西班牙交界处的巴斯克地区，是巴斯克贝雷帽的由来。牧羊人将编织好的帽子在山泉中浸泡，然后将其放在岩石上敲打使羊毛成毡，接着在阳光下晒干，于是就产生了具有保暖、防水功能的帽子，可以阻挡雪花和冬季数月的寒冷。贝雷帽在外出放牧时戴在头上可遮风挡雨，辛苦劳作之后摘下来可以擦汗，想要休息的时候又可放在地上当坐垫，柔软舒适。

1889年，贝雷帽迎来了属于它的伯乐，由法国陆军组建的阿尔卑斯山地部队，抛弃了拿破仑时代的平顶帽，成为历史上第一个把贝雷帽改革为制式军帽的部队。贝雷帽被他们采用是因为这批精锐山地作战部队的作战实际需要，软帽无檐的设计不容易磕磕绊绊，不易与树枝相绊，与头部的贴合设计也不会在奔跑时掉下来。

之后，贝雷帽的优点不断被传扬出来，它柔软、易戴，因为是毛织物所以能折叠，造型利于收纳，最重要的是这种帽型佩戴颇为美观，符合当地人审美，于是在当地很快普及开来。这款平平圆圆的毡帽，或向前、或向后、或向两边倾斜戴在头上，随即成了无产阶级的象征，甚至学校的老师、修女会办的学校里的姑娘们、修道士和童子军都接纳并爱上了巴斯克贝雷帽。

20世纪20年代，女权运动愈演愈烈，那些女权拥护者也佩戴贝雷帽。可可·香奈儿设计过许多不同风格的巴斯克贝雷帽，格蕾塔·嘉宝（Greta Garbo）也常常佩戴这种帽子。

在第二次世界大战期间，栗色贝雷帽由英国空降部队佩戴，而红色贝雷帽则由伞兵佩戴（图8-28），坦克部队戴黑色贝雷帽，特种兵是绿色贝雷帽，这一点与美国海军相同。同时，英国皇家空军戴的是深蓝色贝雷帽。有趣的是，贝雷帽不仅是许多政府军的制服帽，也被革命者和其他武装所佩戴。

20世纪中叶以后，带有专属气息的贝雷帽不再只是男性、军队才可拥有的配件，佩戴贝雷帽显现出个性和帅气的一面，舒适的质地和别致的帽型使其渐渐在女性的时尚圈形成一股不可抵挡的潮流。如今，贝雷帽源源不断的生命力离不开设计师们的妙手，贝雷帽也被设计师们搬上了T台，再次勾起创意帽饰的风潮。路易·威登的新秀场上，最

图8-28　红色贝雷帽

吸引人目光的是松软的弗雷德贝雷帽，相比经典的贝雷帽造型，它拥有相对较大的比例，面料更加松软，复古风格扑面而来（图8-29）。

1938年创立的英国顶级帽品——坎戈尔袋鼠（Kangol），也因对贝雷帽造型的创新设计使品牌进入了新纪元。带有标志性袋鼠 Logo 的贝雷帽开始现身街头，因其独到的怀旧时尚感，受到街头热爱嘻哈文化的潮人热捧，蔓延世界各地流行至今。现代为人们所知的504和507款贝雷帽，采用贝雷帽经典原型，对面料硬度进行调整形成前面扁平、后面圆包的帽型，侧面弧形时髦不减，贴合头部曲线，富有品质感，至今仍最畅销（图8-30）。

设计无国界，时尚一轮回，随着设计师年复一年的不同演绎，贝雷帽的创意设计不断得以发挥（图8-31）。贝雷帽的经典设计带给了人们跨时代的影响力，那种坚韧不拔的军魂精神给予每一位戴上贝雷帽的人一种凛然的气息。

顶部　　　　　　　内里　　　　　　　侧面

图8-29　弗雷德贝雷帽

图8-30　创新造型的贝雷帽　　　　　　图8-31　赋予时尚潮流的贝雷帽

第三节
牛仔帽

19世纪下半叶，牛仔以其别致而又实用的服饰崭露头角。实用且具有保护性的牛仔帽是一种真正的美式帽子，它以朝气蓬勃、清新扑面的气息完美地将帽饰的功能和造型融为一体，统称为美国"大西部"牛仔帽或十加仑帽。牛仔帽多用于户外生活，大草原的清风为它洗涤出历尽沧桑、古色古香的外观效果。一顶牛仔帽不仅能够保护一位牛仔免受日晒雨淋，使头发免沾尘污，而且可以用来当扇子生火、策马驰骋、向远方骑者挥动致意，甚至可临时作为水桶使用。对任何一位牛仔来说，牛仔帽是必备的良伴和挚友。一顶品质过硬的正品牛仔帽，在当时常常要用一个月的薪水才买得起。即使在今天，一顶正品牛仔帽的价值也抵得上一位西部牛仔全身行头及其他装束的总和，而且购买这种牛仔帽也是一项被认真对待的投资（图8-32）。

时至今日，牛仔帽的现代生产方法依然以过去的制毡和制帽原理为基础，从开始的材料毡化，到成型和上楦、修边、加外圈饰带、上固定带等，每一顶帽子要通过13道工序，最终要能够确保牛仔帽在剧烈的运动和猛烈的狂风中始终不掉。传统上，牛仔帽帽毡的原材料来自海狸或海狸鼠的毛皮，不过后来兔毛和羊毛成了相对便宜的替代品，还有各种各样的肌理效果可供选择，如海狸皮外观、碎石纹外观等。除去黑色之外的常用颜色，还有"银鲈"色和"天然海狸毛皮"色（图8-33）。

图8-32 经典造型的牛仔帽

牛仔帽的帽形与尺寸的合适度是非常重要的，因为一顶帽子看上去必须郑重其事且值得信赖，戴上后既感到舒适又不易掉落，帽子须完美地与头部吻合。牛仔帽的最后一道工序是在帽冠的内部加上一圈细薄的皮制帽带，这可以提供额外的固定作用并增强舒适感。佩戴者的身材也必须与牛仔帽的比例搭配和谐，如帽子的高度、帽檐的卷曲度以及帽冠的折痕和凹陷等都是关键要素（图8-34）。牛仔帽能够为值得信赖的英雄形象锦上添花，并映衬出豪情万丈、力拔山兮的气度。在之后的数十年里，牛仔帽在形象上愈加饱经风霜、韵味醇厚，独具风格的造型不断出现在西部电影中，为主人公伸张正义的形象加分。

图8-33 海狸皮外观的牛仔帽

图8-34 有深深折痕的草编牛仔帽

PART 9

第九章

创意帽饰设计

本书中所讲的"帽饰",指的是现代在西方高级时装设计及流行时尚中的"头部饰物",它属于服装整体设计的范畴。在西方,帽饰是身份、地位、信仰、文明的代名词,并与当时西方流行的各种时装形态保持着高度的一致。传统的朴素风格讲述了形式与结构的力度之美,而别出心裁的帽子则可能是色彩、心智与无限想象的创意产物。

第一节
帽饰设计大师作品分析

本节介绍两位西方著名的帽饰设计师,他们的作品展现了欧洲百年帽饰的传统与经典,同时从侧面映射出20世纪服饰发展历程及发展趋势。

一、斯蒂芬·琼斯的作品分析

斯蒂芬·琼斯(Stephen Jones)对我们来说可能有点生疏,但在盛产绅士的英国,或那些帽子、手帕等曾一度作为时兴必需品的地方,这个名字是不容小觑的。斯蒂芬·琼斯是世界上最知名的女帽品牌之一。1957年,斯蒂芬出生于英格兰的一户中产阶级家庭,1979年,斯蒂芬·琼斯从中央圣马丁艺术与设计学院毕业,他的家族与时装界并没有什么关联。斯蒂芬·琼斯称帽子是"固态构造物体",他的帽饰设计作品,即使在前卫、反叛人士的眼中也似乎是很不寻常的,被称为是20世纪80年代新浪漫主义时代的叛逆(图9-1)。

图9-1 斯蒂芬·琼斯的新浪漫主义时代的帽饰作品

下面从三个方面分析斯蒂芬·琼斯的设计手法。

1.材料工艺

对斯蒂芬·琼斯的创新设计能力起到最关键影响的，是他致力于对传统服装的设计和工艺方面的研究与创新，当然，这与他本人对于帽饰的设计天赋也有非常大的关系。他能借助传统的工艺及材质，将一种复古的情绪融入现代时尚帽饰的设计精神之中，而且能够完全将这种情绪表达出来，帽饰作品在他的手上幻化出具有时代感的浪漫与复古气息的同时，还带有后现代主义的风格（图9-2）。斯蒂芬·琼斯的设计包括色彩清淡柔和的毛茸茸的鹳羽饰的钟形帽、戴摘方便的特制布帽，还有采用硬质镜面塑料制作而成的猎兵帽，图9-3所示为他设计的保守而耐磨的毡帽和用粉红色缎面做衬里的长长的兔子耳朵。

2.造型创意

帽饰的创意造型可体现出多种材料的组合。为加强帽饰设计的创意性，斯蒂芬·琼斯始终对新鲜事物充满了好奇心，是一位名副其实的新浪漫主义者。他痴迷不同的文化，也喜欢团队工作，其设计的帽子夸张并极具舞台感。在现在许多的表演舞台上，有越来越多的高级成衣或高级定制品牌都会在秀场上增添帽饰这个元素，许多帽饰都是帽饰设计师根据其需要或表演内容来个性定制的。在高端时尚圈驰骋几十年，受众多时尚名人的追捧，斯蒂芬·琼斯很早就展露出与设计师合作并为时装表演设计帽子方面的专长，他多次为高级定制时装秀设计帽饰（图9-4）。由他设计的精彩绝伦的女帽，在T台上下随心所欲地诠释着时尚的内涵，先后合作过的顶级时装品牌和设计师包括：川久保玲（Rei Kawakubo）、薇薇安·韦斯特伍德（Vivienne

图9-2　借助传统的工艺和材质设计的帽饰作品

图9-3　带有长长的兔子耳朵的帽饰

图9-4　斯蒂芬·琼斯为高级时装发布会设计的帽饰作品

图9-5　后现代主义风格的帽饰

Westwood）、阿瑟丁·阿拉亚（Azzedine Alaia）、克劳德·蒙塔纳（Claude Montana）、让·保罗·戈尔捷（Jean Paul Gaultier）以及马克·雅各布（Marc Jacobs）。长期的合作也成为斯蒂芬·琼斯借助服装风格来诠释自己设计作品、表达其设计内容和设计情感的方法之一。他的帽饰作品在整体造型创意上，能够将帽饰与时装相互作用，让帽饰成为时装中最为重要的关键性配饰。斯蒂芬·琼斯被意大利版的 *VOGUE* 杂志，赞扬为世界上最会做漂亮帽子的人。

3.风格语言

细分斯蒂芬·琼斯的帽饰设计手法，不难发现，他众多的帽饰作品中呈现出典型的后现代主义风格，也就是说，后现代主义思潮对于他的帽饰创新设计有着关键性的作用（图9-5）。后现代主义思潮在21世纪仍处于一种纷繁复杂、多元化的发展态势，就是要对现代文明发展的根基、传统等各个方面，进行全方位的批判性反思。因此，对于设计师来说，这种思想极大地拓宽了设计思路。斯蒂芬·琼斯的作品能从不同的角度采取更多元的方式来诠释和表达自己的想法，可以说后现代主义思潮对他的创新起到了很大的作用。

斯蒂芬·琼斯还常常被川久保玲的作品所吸引。在他看来，川久保玲的设计里"有一种再新鲜不过的荒诞感，不抗拒和回避身体的任何一个部分，令人耳目一新、激动不已"。因此，他在帽饰设计时同样不断尝试着创造比时装界流行超前得多的原型和概念（图9-6）。除此之外，薇薇安·韦斯特伍德于20世纪80年代初在伦敦国王路开设的朋克精品屋也对斯蒂芬产生了巨大的影响，朋克元素也被运用到斯蒂芬的帽饰作品中。

帽饰由帽子与头饰组成，对于修饰面部轮廓起到重要作用。斯蒂芬·琼斯的设计强调帽饰与着装者面部的轮廓、服装的廓型风格以及所使用的材质工艺三个方面的密切关系。他的帽饰作品能与着装者的面部轮廓匹配完美，达到修饰美化的效果。总之，当越来越多的明星选择紧跟时尚趋势潮流，让现代时装与华丽夸张的帽饰这样的组合展现在舞台上时，斯蒂芬·琼斯总能制造出最令人兴奋、最离经叛道的帽子（图9-7）。

图9-6　2022秋冬川久保玲发布会上的帽饰作品

图9-7　斯蒂芬·琼斯为贾尔斯·迪肯（Giles Deacon）2012年发布会设计的帽饰作品

二、菲利普·崔西的作品分析

菲利普·崔西（Philip Treacy）于1967年出生于爱尔兰，1985年，崔西在都柏林国家艺术设计学院学习帽子设计专业，曾师从英国著名的女帽设计师斯蒂芬·琼斯。1988年，崔西赴伦敦皇家艺术学院，主修帽子设计，并获得硕士学位。崔西设计的突出特点，就是让帽子不仅是帽子，甚至根本不是帽子，他认为"帽子是那种半是建筑物、半是帽子的东西。确切地说，是某种建筑物、手工艺品，再加上某种魔力成分的混合物"。所以他的作品才会具有如此强烈的冲击力和装饰风格。此外，菲利普·崔西深受后现代主义思潮和观念的影响，灵感来自西方文明或传统帽饰的重组与改良，在材料选择和内容题材上都极具个人特色，并使作品妙趣横生。菲利普·崔西的设计手法主要有以下三个方面。

1.材料工艺

相对于服装而言，帽饰的设计与制作极大程度地依赖利用手工艺来表达材料之间的关系。材质方面，菲利普·崔西擅长将传统的帽饰材料（如丝绸、天鹅绒、网状纱、蕾丝、花边、草藤、麦秸、花朵、贝壳、羽饰、流苏等）与非传统的材质元素（如矿物、树脂、塑料、金属等）进行改良重组，呈现出不协调的错落美感，紊乱中彰显华美。通过对崔西典型帽饰作品的分析，他的工艺偏好大致为模压法、裁剪法、塑型法、编结法等。模压法首先选用与帽饰设计效果图大致相符的毛毡，并将硬化剂涂抹到毛毡上，晾干后在蒸汽机上蒸透并按压、归拔定型。依照装饰花型裁剪、加硬，最后固定在帽檐对应的位置上（图9-8）。裁剪法是将各式羽毛及羽翎饱满地装饰整个帽冠，再对羽毛单边裁剪或双边裁剪，同样的羽毛可以变幻莫测地呈现出各式不同的形态（图9-9）。塑型法是将加硬胶水涂抹在蕾丝、花边等柔软的材料上，使其硬化、挺括，从而改变面料本身的触感，让传统材料焕发出新的生命力，最终呈现出打破常规、反常态的设计形态（图9-10）。编结法是用篾丝、草丝、麻丝、网丝等直接编结成型，帽饰表面或镂空透视，或密集光滑，造型过程中可结合塑型法、裁剪法等多种工艺，运用形式美规律将材料、色彩融入一件帽饰之中（图9-11）。

2.造型创意

菲利普·崔西的成就，在于大大拓展了帽子的领域，使其成为独立的人体装饰品，而不再处于附庸和陪衬的地位。几乎他所有的帽饰作品，都在大胆运用充满未来感的天线和螺旋图形，使造型向上或向两旁拓展身体占据的空间（图9-12）。在造型创意题材上多源

图9-8　模压出的帽型和花饰

图9-9　裁剪法

图9-10　塑型法

图9-11　编结法

于各种抽象或具象的仿生设计，如动植物外观、海底生物造型等，其中鸟类仿生最多，借用鸟类的飞翔动感排列羽饰材料。如两侧用羽饰雕琢出羽翅的形状与动感；或结合现代材料把鱼类的尾部表现在帽饰上；或采用织物与金属丝勾勒出兰花造型或玫瑰花造型，花瓣本身的曲线与花蕊极富生态美，使整体帽饰颇具超现实主义的趣味（图9-13）。

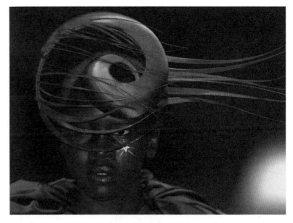

图9-12　可作为人体装饰品的帽饰

图9-13　各种仿生设计的帽饰作品

3.风格语言

　　菲利普·崔西的帽饰设计作品带有极强的后现代主义风格。首先，在英国伦敦学习的经历和与斯蒂芬·琼斯的师从关系，奠定了崔西风格的形成。英国是有多元文化和开放思想的设计大国，有着优秀的历史传统可以借鉴。斯蒂芬·琼斯和崔西的作品有一个共同的特点：标新立异，怪诞有趣，同样用曲线和流线把握风格。其次，对欧洲数百年帽饰设计技法的熟练掌握，丰富了崔西的设计语言，并用全新的思想捕获灵感进行再设计（图9-14）。最后，20世纪的现代文艺思潮、社会思潮异常活跃，立体派、未来派和超现实主义等都对菲利普·崔西的帽饰创新设计手法影响深刻，使其完善了具有他自己设计特点的后现代主义风格（图9-15）。

图9-14 复古风格帽饰设计

图9-15 后现代主义风格的帽饰设计

第二节
手工创意帽饰作品赏析

　　帽饰设计与服装设计虽然同根同源，但帽饰因体积小、与人体关系简单等因素，设计手法相对自由灵活。此外，帽饰的质地、色彩直接衬托肤色与妆容，对精致与唯美的要求更高。现在的创意帽饰设计师热衷将传统的原材料如毛皮、羊毛毡、西纳梅麻、精织麦秸或麦秸辫以及用织物包覆的基底等来支撑造型，用真丝、薄纱、硬纱、人造花朵、蕾丝、网眼、缎带、亮片、铆钉或鲜花等来进行装饰。相对于其他设计门类来说，帽饰设计可选用的材料非常灵活，材料与材料之间的搭配方式多样，可独立装饰也可堆砌成型，材料组合可繁可简，有序但又不定性，整个帽饰空间效果可呈现出不同肌理的节奏感，创造性高。

　　制作手工帽饰，必用的工具之一就是帽模。帽模顾名思义，就是制作帽饰的模具。想要做出什么造型的帽子，就要先打造什么造型的帽模，帽模的形状决定了最后帽子的大小和样式。目前常见的帽模材质有木质、石膏和金属帽模。木质帽模历史悠久，今天的样帽制作者大多仍然采用木质帽模，一顶一顶地单独手工制作帽饰（图9-16）。雕制帽模本身就是一门艺术，在今天仅有极少数的女帽公司精于此道。正是因为如此，极具个性的木质帽模一直被制帽爱好者所收藏。石膏帽模成本较低，造型细腻灵活，但不易保管。金属帽模是工厂生产帽子时常用的，大批量同款的帽子在金属帽模机上成型，然后在生产线上顺次进入机器加工和整理等各道不同的工序。

图9-16　木质帽模

手工创意帽饰的制作过程大致为：

第一步，先用保鲜膜把帽模包起来，在毛毡或西纳梅麻的一面喷胶后包覆在帽模的外面，让材料在帽模上蒸烫成型。

第二步，将帽冠和帽檐的边缘用大头针与帽模定位条固定，把经过熨烫成型的帽子送入干燥橱即烘箱内干燥。硬化处理可在模熨前或模熨后进行，这是一项相当精细的操作工艺，具有重要的造型作用。

第三步，无论是单独手工制作的创意类帽饰，还是大批量的工业制帽，蒸汽、水和熨烫处理都是必要的制帽过程。

第四步，造型完成后，将帽檐的外缘加上金属丝，并把金属丝绳边封好。将帽冠和帽檐位置对好后进行缝合。为了定型，还要在帽冠内插入硬衬带或吸汗带。

第五步，基本成型的帽饰用适量的装饰物进行点缀，这可以使整个帽饰看上去大为改观。

最后，分别欣赏下西方历史上的古典帽饰和现代帽饰设计大师的作品（图9-17~图9-22）。

图9-17　古典帽饰1

图9-18 古典帽饰2

图9-19　现代帽饰1

图9-20 现代帽饰2

图9-21　现代帽饰3

-22　现代帽饰4

参考文献

［1］苏西·霍普金斯. 百年帽饰［M］. 马辛路，钟跃崎，译. 北京：中国纺织出版社，2001.

［2］华梅. 21世纪国际顶级时尚品牌·鞋帽［M］. 北京：中国时代经济出版社，2007.

［3］姚运茵. 国际帽子大师菲利普·崔西［J］. 上海工艺美术，2009（4）.

［4］崔潇月. 探讨装饰工艺在服装设计中的运用［J］. 艺术科技，2015，28（5）：224.

［5］莫伊珣. 这也是帽子［J］. 中华手工，2012（12）.

［6］克伦·亨里克森. 时尚女帽设计与工艺［M］. 马玲，译. 北京：中国纺织出版社，2013.

［7］R. Turner Wilcox. The Mode in Hats and Headdress［M］. Dover publication，1988.

［8］Christina Probert. Hats in Vogue Since 1910［M］. New York：Abbeville Press，1990.